# THE STORY OF MATHS

# 数学的故事

葛　帆 / 编著

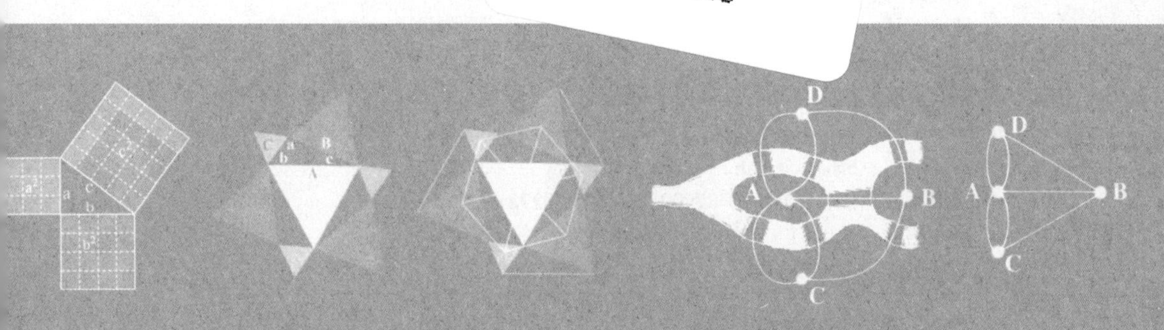


哈尔滨出版社
HARBIN PUBLISHING HOUSE

图书在版编目（CIP）数据

数学的故事 / 葛帆编著.—哈尔滨：哈尔滨出版社，2019.5
ISBN 978-7-5484-3574-7

Ⅰ.①数… Ⅱ.①葛… Ⅲ.①数学－普及读物
Ⅳ.①O1-49

中国版本图书馆CIP数据核字（2017）第168625号

书　　名：数学的故事
SHUXUE DE GUSHI

作　　者：葛　帆　编著
责任编辑：韩金华　滕　达
责任审校：李　战
封面设计：上尚装帧设计

出版发行：哈尔滨出版社（Harbin Publishing House）
社　　址：哈尔滨市松北区世坤路738号9号楼　　邮编：150028
经　　销：全国新华书店
印　　刷：哈尔滨市石桥印务有限公司
网　　址：www.hrbcbs.com　　www.mifengniao.com
E-mail：hrbcbs@yeah.net
编辑版权热线：（0451）87900271　87900272
销售热线：（0451）87900202　87900203
邮购热线：4006900345　（0451）87900256

开　　本：787mm × 1092mm　1/16　印张：12.75　字数：204千字
版　　次：2019年5月第1版
印　　次：2019年5月第1次印刷
书　　号：ISBN 978-7-5484-3574-7
定　　价：32.00元

凡购本社图书发现印装错误，请与本社印制部联系调换。
服务热线：（0451）87900278

# 序言

## 从讨厌数学到爱上数学

数学，是一个庞大的世界。

并非数学本身庞大，而是数学应用的范围十分庞大。如何全面地概括数学的内涵与外延，我认为是高不可及的，因为它所涵盖的面是如此宽广。

我们的世界是包裹在数学的圣衣中不断发展的，换言之，世界成长于数学之上，又毫无例外地寓于数学之中。古代文明中孕育出的数学基因，在漫长的人类历史中繁衍，数学离不开客观世界，同样，客观世界也离不开数学。

于是，我们从记事起就在不停地学习数学，从学习数字的运算到了解和把握数学思想，从小学一直到大学。只不过很久以来，我们一直都相信，传授知识比传播快乐更重要。所以，即使是考虑到自己的能力和愿望，也还是只能将深奥、枯燥的数学专业术语一个个啃下去，一点点灌进去，好像不这样就学不好似的。然而，有多少人真正把学习数学当成一种乐趣呢？

《小学生数学报》曾经做过一份问卷调查，学生们接触的各类数学知识，以什么样的形式出现最受他们的欢迎呢？结果，数学故事，包括童话故事的受欢迎率达到了91.6%，排在第一位。

其实，不光是孩子们，成人又何尝不爱听故事呢？听故事是人的一种近乎本能的需求。考古学者的研究发现，早在新石器时代，乃至旧石器时代的原始人就开始听故事了。他们是研究了原始人类的头骨之后得出这个结论的。英国著名学者福斯特说：“当时的听众是一群围着篝火听得入神、连打哈欠的原始人。这些被大毛象或犀牛弄得精疲力竭的人，只有故事的悬宕才能使他们不至于入睡。”在《天方夜谭》里，国王山鲁亚尔也是个爱听故事的人，而山鲁佐德就是由于会讲故事，才最终挽救了萨桑国妇女的性命，也救了她自己。

本书也采用了故事这种深入浅出的叙述方式来介绍数学领域中的各种知识、趣

闻，以及数学之于生活的种种实际应用；将深奥的数学理论化为有趣的问题，目的在于激发读者的阅读兴趣，带领读者进入数学的世界，认识数学的起源、各种运算方法和原理。

我的青少年时代很少看得到学科故事，所以我编著了这本数学故事集，希望生活在今天的青少年能多一份轻松和开心，并且在生动有趣的数学故事熏陶影响下，从讨厌数学的人变成喜欢数学的人！

# 目录

## 第一章　定理大发现

## 第二章　数学实验室



## 第三章　数学与生活

# 第一章 定理大发现

数统治着宇宙。

——古希腊毕达哥拉斯

数学是科学的大门和钥匙。

——英培根

对自然界的深刻研究是数学最富饶的源泉。数学分析与自然界本身同样广阔。

——法傅立叶

## 数之概念伊始

# 结绳记事

“中国结”是中国特有的民间手工艺品，它始于上古，兴于唐、宋，盛于明、清，经过几千年岁月的洗礼，最终从实用绳结技艺演变成为今天这种精致华美的艺术品。每一个中国结从头到尾都只用一根丝线编结而成。就是这样一根简单的绳子，却可以形成无数造型独特、绚丽多彩、寓意深刻、内涵丰富的中国传统吉祥装饰品，以其浓郁的东方风韵扬名世界。而这聚集了中国民族特色的中国结，却源自人类最早的记事方式——结绳。

据《易·系辞下》载："上古结绳而治，后世圣人易之以书契。"东汉郑玄在《周易注》中道："结绳为约，事大大其绳，事小小其绳。"可见在远古的华夏土地上，"结"被先民们赋予了"契"和"约"的法律表意功能，同时还有记载历史事件的作用，"结"因此备受人们的重视。

结绳法最早出现于印加帝国，是利用一种十进的位置值系统在绳子上打结的记事方式。在干绳中最远的一行一个结代表1，次远的一个结代表10，如此等等。上页图中所示为秘鲁的结绳法。左下角有一个计算盘，在上面可以用玉米粒来进行计算，而后转换为结绳。在一股绳子上没有结便意味着零。结的尺寸、颜色和形状则记录有关庄稼、产量、租税、人口及其他资料和信息。例如，黄色的绳可用于表示黄金或玉米；又如，在一根表示人口的结绳上，

第一套代表男人，第二套代表女人，第三套代表小孩。武器诸如矛、箭、弓等也有着类似的记录方式。对于整个印加帝国的账目，则由一批结绳的记录员来做。这些人过世了，工作就由他们的儿子继承。在每一个管理层次中都有着相应的记录员，他们各自分管着某个特定的范畴。

在没有文字书写记录的年代，结绳法还担负起记载历史的功能。记录历史的结绳工作，由一些聪明人担任，他们去世后则传给下一代，就像讲故事那样，一代一代地留传了下来。而正是这些原始的计算器——结绳——在他们的记忆库里系结着印加帝国的信息。

左图是秘鲁的印第安人 D.F.P. 埃阿拉在公元前 1613 至前 1583 年间画的秘鲁的结绳法。左下角有一个计算盘，在上面可以用玉米粒来进行计算，而后转换为结绳

印加的王室道路，从厄瓜多尔到智利，延绵 3500 英里，连接着帝国版图内的各个区域，一些职业长跑选手沿着王室道路传递信息。这些长跑选手每人负责两英里地段，他们非常熟悉各自道路的细节，因此能够以最快的速度日夜兼程地奔跑。他们一站一站地接转信息，直至到达要求他们到达的场所。他们服务的项目就是用结绳法联系，以保存印加帝国有关人口的改变、配备、庄稼、领地、可能的反叛，以及其他任何有关的资料。信息每 24 小时更换一次，而且极为精确和准时。

斗转星移，数千年弹指一挥间，人类的记事方式经历了结绳与甲骨、笔与纸、铅与火、光与电的洗礼。如今，在笔记本电脑上，轻触键盘，上下五千年的历史就可以尽在眼前。小小彩绳早已不再是人们记事的工具，但当它们被编成各式图案的中国结时，却复活了一个个古老而美丽的传说……

# 十进制记数法

## 数学史上最妙的发明

早在文字出现以前，人类就已形成了数的概念。但最初的数目多用实物记录，如石子、竹片、贝壳等，有时也用人类天生的计算工具手指和脚趾，“屈指可数”就反映出了这种记数法。

后来就是结绳和契刻记数。随着所记载数目的不断增大，进位制开始出现。但由于各地区、各民族所处的自然环境与社会环境都不相同，所以也产生了各种不同的记数方法。比如公元前3400年左右的古埃及象形数字，公元前3000年左右的古巴比伦楔形数字，公元前1600年左右的中国甲骨文数字，公元前500年左右的希腊阿提卡数字，公元前500年左右的中国筹算数码，公元前300年左右的印度婆罗门数字，以及年代不详的玛雅数字等。记数系统的出现使人类文明向前迈进了一大步。随着生产力的不断发展，数字不断完善，数学也就逐渐地发展起来了。

总的来说，早期的记数形式并没有位置值系统（所谓位置值系统，是指每个数字所安放的位置影响和改变该数字的值。例如，在十进制中，数375中的数字3的值并不是3而是300）。大约在公元前1700年，60进制才开始出现，这种进制给美索不达米亚人很大的帮助，世界历史上最早的360天的日历系统就是美索不达米亚人对60进制的实践应用。

今天，人们已知的最古老的真正的位置值系统是由古巴比伦

人设计的，这种设计源自幼发拉底河流域人们所使用的60进制记数系统。为了替代0～59这60个符号，他们只用了两个记号，即用 Y 表示1，而用 < 表示10。这样就可以用来进行复杂的数学计算了，只是其中没有设置零的符号，而是在数的左边留下一个空位表示零。

大约在公元前300年，一种作为零的符号或开始出现，而且60进制也得以广泛发展。在公元后的早些年，希腊人和印度人已经初步开始使用十进制，但那时他们依然没有位置的记数法。为了便于计算，他们利用了字母表上的头十个字母。

大约在公元500年的时候，印度人发明了十进制的位置记数法。这种记数法放弃了对超过9的数采用字母的方法，而统一用头九个符号。到了公元820年左右时，阿拉伯数学家阿尔・花剌子米写了一本有关对印度数学的仰慕的书。

十进制传到西班牙差不多是11世纪的事，当时阿拉伯数字正在形成，此时的欧洲则处于疑虑和缓慢改变的状态，学者和科学家们对十进制的使用表示沉默，因为它用并不简单的方法表示分数。然而，当人们采用后，它便逐渐变得流行起来，而且在工作和记录中显示出无比的优越性。

# 代数最早的意义

## 纸草卷上的秘密

1858 年,苏格兰古董收藏家兰德在非洲的尼罗河边买到了一卷古埃及的纸草卷。他惊奇地发现,这个公元前 1600 年左右遗留下来的纸草卷中有一些明显的证据,表明古埃及人早在公元前 1700 年就已经在处理一些代数问题。从古埃及法老即国王统治的时期开始,人们一直在追求这样一个相同的数学目标:使一个含有未知数的数学问题能够得到解决。这个纸草卷中就有一些含有未知数的数学问题,当然都是用象形文字表示的。例如有一个问题翻译成数学语言是:"啊哈,它的全部,它的$\frac{1}{7}$,其和等于 19。"

这里的"啊哈"就是当时古埃及人的未知数,如果用 $x$ 表示这个未知数,问题就化为方程 $x+\frac{x}{7}=19$。解这个方程,得 $x=16\frac{5}{8}$。更令人惊奇的是,虽然古埃及人没有我们今天所使用的方程之类的表示法,但也得出了 $16\frac{5}{8}$这个答案。

820 年左右,阿拉伯数学家阿尔·花刺子米(约 780 年—约 850 年)写了一本书《希萨伯—阿—亚—亚伯尔哇—姆夸巴拉》,意思是"方程的科学"。作者认为他在这本小小的著作里所选的材料是数学中最容易和最有用处的,同时也是人们在处理日常事务中

所经常需要的。这本书的阿拉伯文版已经失传,但12世纪的一册拉丁文译本却流传至今。在这个译本中,把"亚伯尔哇"译成拉丁语"algebra",并称为一门学科。英语中也沿用了"algebra"一词。中国则在清朝咸丰九年(1859年)由数学家李善兰译成《代数学》。这对于算术学来说,是一个巨大的进步。

阿尔·花剌子米

用一个例子对比一下就可以更直观地看出两种方法的区别:一个数乘以2,再除以3,等于40,求这个数。

算术解法考虑(1200年左右,伊斯兰教的数学家们就是这样解的),既然这个数的$\frac{2}{3}$是40,那么它的$\frac{1}{3}$就是40的一半,即20,那么这个数就是60。而代数解法不需要经过这样的推理可直接设某数为$x$,则有$\frac{2x}{3}=40$,解得$x=60$。可见代数解法比较简单明了。

代数的早期意义显然不限于方程。考古学家从幼发拉底河畔附近的一座寺庙图书馆里掘出来的数千块泥板中,发现有一些加法表、乘法表及平方表。有证据表明,美索不达米亚的祭司已经发现了平方表的用法,他们能够利用平方表算出任意两个自然数的积。例如计算102乘以96的算术步骤如下:

第一步,102加上96,将和除以2,得99;

第二步,102减去96,将差除以2,得3;

第三步,查平方表,知99的平方是9801;

第四步,查平方表,知3的平方是9;

第五步,9801减去9,得到答数9792。

这些步骤如果应用代数就很容易解释清楚:

设这两个自然数为$x$、$y$,则

$$\left[\frac{1}{2}(x+y)\right]^2-\left[\frac{1}{2}(x-y)\right]^2$$

$$=\frac{1}{4}(x^2+2xy+y^2-x^2+2xy-y^2)=xy$$

所以说,代数最早的意义是“用字母代表数”,方程仅仅是“用字母代表数”的一项应用。代数使人类对于数的认识大大加深了。

再举一个有趣的例子。你记得这样一首儿歌吗?

一只青蛙一张嘴,
两个眼睛四条腿,
“扑通”一声跳下水。
两只青蛙两张嘴,
四个眼睛八条腿,
“扑通”“扑通”跳下水。
……
四只青蛙四张嘴,
八个眼睛十六条腿,
“扑通”“扑通”“扑通”“扑通”跳下水。
……

从代数的意义来说,这首儿歌比较啰唆。如果用字母 a 表示青蛙的数目,就可以把它简化成:

$a$ 只青蛙 $a$ 张嘴,
$2a$ 个眼睛 $4a$ 条腿,
$a$ 声“扑通”跳下水。

你看,这不是既准确又简洁吗?在代数中,还有许多通过“用字母代表数”来进行运算的方法。相信大家已经体会到代数的优点和学习它的乐趣了。

# 数学符号的起源

## 高速发展的开始

数学除了记数以外，还需要一套数学符号来表示数和数、数和形的相互关系。



数学符号的发明和使用比数字晚，但数量多得多。现在常用的有二百多个，初中数学书里就不下二十种。它们都有一段有趣的经历。

例如，加号和减号就经历了长期的演变过程。古埃及阿默斯纸草书中用“∧”表示加，用“∧”表示减。公元15—16世纪以p̄或p作为加号，以和m̄或m作为减号。现在通用的“+”号是由拉丁文“et”（“和”的意思）演变而来的。16世纪，意大利科学家塔塔利亚用意大利文“più”（加的意思）的第一个字母表示加，逐渐草书成为“μ”，最后都变成了“+”号。

“-”号是从拉丁文“minus”（“减”的意思）演变来的，简写为“m-”，省略掉字母就成了“-”。也有人说，卖酒的商人用“-”表示酒桶里的酒卖了多少。以后，当人们把新酒灌入大桶的时候，就在“-”上加一竖，意思是把原线条勾掉，这样就成了个“+”号。直到15世纪，德国数学家维德曼正式确定：“+”用作加号，“-”用作减号。

乘号曾经有十几种表示符号，现在通用的有两个：一个是“×”，最早由英国数学家奥特雷德在1631年提出；一个是“·”，由英国数学家哈里奥特首创。德国数学家莱布尼茨认为“ × ”号像拉丁字母“X”而赞成用“ · ”号，他自己还提出用“Π”表示相乘。可是这个符号现在用到集合论中去了。到了 18 世纪，美国数学家欧德莱最终确定，把“ × ”作为乘号。他认为“ × ”是“ + ”斜起来写，是另一种表示增加的意思。

“ ÷ ”最初作为减号在欧洲大陆长期流行，直到 1631 年英国数学家奥特雷德用“ : ”表示除或比，另外有人用“ - ”（除线）表示除。后来瑞士数学家拉哈在他所著的《代数学》里根据群众创造正式将“ ÷ ”作为除号。

平方根号曾经用拉丁文“Radix”（根）的首尾两个字母合并起来表示。17 世纪，法国数学家笛卡儿在他的《几何学》中，第一次用“ $\sqrt{\ }$ ”表示根号。

16 世纪法国数学家维叶特用“ = ”表示两个量的差别。可是英国牛津大学数学、修辞学教授雷科德觉得，用两条平行而又相等的直线来表示两数相等是最合适不过的了，于是等于符号“ = ”就从 1557 年开始使用。17 世纪晚期，“ = ”号才为人们所广泛接受，逐渐得到通用。

大于号“ > ”和小于号“ < ”，是 1631 年英国著名数学家哈里奥特创造并倡导使用的。至于“ ≯ ”“ ≮ ”“ ≠ ”这三个符号的出现，是很晚很晚的事了。大括号“{ }”和中括号“[ ]”则是由代数创始人之一的魏治德创造的。

# 毕达哥拉斯定理

## 数字与图形的“爱情”



毕达哥拉斯生于公元前580年至前570年之间，父亲叫姆内撒克斯，是一位很有钱的希腊人。他希望儿子接受良好的教育，便请了当时著名的两位老师来教他。

毕达哥拉斯

毕达哥拉斯是一位罕见的天才少年，在很短时间里，他的数学和哲学水平就超过了两位老师。还不到20岁时，他已经只身离开家乡去往文化发达的地方寻求知识了。古巴比伦、印度、埃及……博大精深的古老文化让他一头钻进科学的海洋里，这也是他后来能够成为伟大的科学家、思想家的前提。

勾股定理是指直角三角形两直角边的平方和等于斜边的平方，用符号表示即 $a^2+b^2=c^2$。这是平面几何中的一个最基本、最重要的定理，国外称为毕达哥拉斯定理。该定理的发现过程也充满了传奇、神秘的色彩。

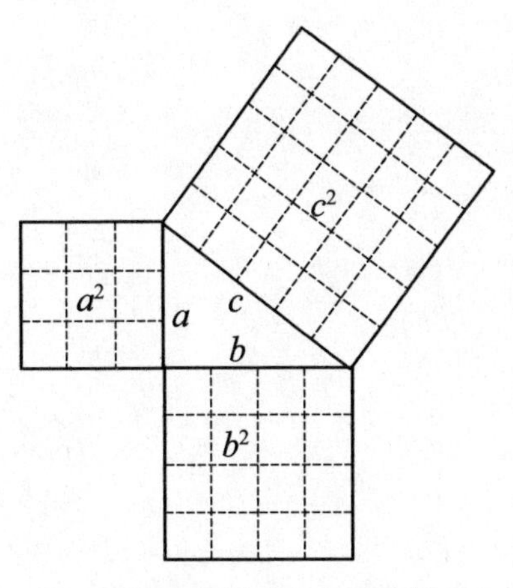

毕达哥拉斯定理示意图

毕达哥拉斯在向埃及祭司学习几何的过程中,与祭司的表妹长久相处,渐渐双方有了感情,而且相爱甚笃。毕达哥拉斯是个极富天才、长得又帅的小伙子,而祭司的表妹则是一个鲜美花朵似的姑娘。他倾羡她的美貌,她仰慕他的才华。于是,双方自然陷入情网之中。

一天傍晚,温和的太阳颜色已经淡了,田野懒洋洋的,仿佛快睡着了一样。各处村子里的小钟在静寂的原野上悠悠地响着,一缕缕青烟在阡陌纵横的田间缓缓上升。毕达哥拉斯带着女友漫步在田野上。一片轻盈的暮霭在远处飘浮,远处金字塔在暮霭中闪着粉红色的光芒。他极目望去,蓦地想起白天的问题。毕达哥拉斯的问题是“在直角三角形中,已知两边的长,怎样算出第三边的长度”。在此之前,两个人已经讨论了大半天,始终没有任何头绪。

毕达哥拉斯的女友也是极有知识之人,她的出现无疑给毕达哥拉斯带来活力。毕达哥拉斯边走边想着:如果画上十个直角三角形,再量第三边长度,先把它们之间的关系弄明白,然后再用理论求证,岂不是一条捷径?想到这里,他拉着女友转回头朝住处跑去。女友到他的住处后才弄明白他的想法,便按照他的吩咐,画出了一个又一个三角形。

当画到一边长为 3 而另一边长为 4 的三角形时,奇迹出现了,毕达哥拉斯量出斜边竟是 5。“3、4、5……”毕达哥拉斯默念着。要弄清三边之间的关系,首先要弄清楚 3、4、5 之间的关系,毕达哥拉斯在屋中来回踱步,一边走,一边想。已是后半夜 2 点了,女友端来热腾腾的夜宵,毕达哥拉斯刚要拿起餐具,忽然,他头脑中一亮:$3^2+4^2=5^2$。

是呀,这是多么奇妙的等式,难道是巧合吗?毕达哥拉斯连忙离开饭桌,用心地在纸上画了起来,经过上百次验算,最终得出了“直角三角形的两直角边的平方和等于斜边的平方”这个结论。

毕达哥拉斯欣喜若狂,抱住女友亲吻起来。下一步的工作,就是证明这个定理成立。毕达哥拉斯在女友的协助下,用了一个月的时间,终于使这个理论得到证明。从此,这个定理也被西方命名为毕达哥拉斯定理。

# 帕斯卡三角形

## 13岁少年的游戏



帕斯卡是法国著名的科学家,中学物理中学到的水压机的原理就是他发现的。他的著名的帕斯卡实验曾轰动法国,在物理学上奠定了流体静力学基础理论不可撼动的根基。那时他才 20 多岁,在数学上他的贡献也不少。

帕斯卡

帕斯卡很小的时候母亲就去世了,只有在税务局工作的父亲教育他和他的姐妹。父亲是一个数学爱好者,常和一些爱好数学的人交往。可他却认为数学对小孩子有害且会伤其脑筋,他主张孩子应该在 15~16 岁时才学习数学,在此之前学一些拉丁文或希腊文就可以了。因此,帕斯卡小时父亲从来不让他学习数学,只是教他一些语文和历史知识。而且帕斯卡的身体不太强壮,父亲更不敢让他接触到数学。

12 岁的一天，帕斯卡偶然看到父亲在读几何书，他对此很好奇，忙问父亲什么叫作"几何"。父亲为了不引起他更大的兴趣，只是含糊地讲几何研究的是图形如三角形、正方形和圆的性质，用处就是教人画图时能画出正确美观的图。他一边说还一边很小心地把自己的数学书收藏好，怕儿子私自去翻动。

可帕斯卡仍然感到兴趣十足，他根据父亲讲的这些几何的简单知识，开始独立对几何学进行研究。当他把自己发现的"任何三角形的三个内角和是 180°"的结果告诉父亲时，父亲惊喜万分，竟然哭了起来。看来儿子与数学的缘分是上帝安排的啊！于是，父亲拿出了欧几里得的《几何原本》给帕斯卡看。自此帕斯卡才开始大量接触数学书籍。

他的数学才能一下发出了无限巨大的能量。在 13 岁的时候，他就发现了著名的"帕斯卡三角形"；16 岁，又发现了射影几何学的一个基本原理——圆锥曲线里的内接六边形，若对边两两不平行，则对边延长线的交点共线；17 岁时，利用这个定理写出了有 400 多个定理的关于圆锥曲线的论文。解析几何的创建人笛卡儿读到论文后，根本不相信这是一个少年的成果。

19 岁时，帕斯卡为了减轻父亲计算税务的麻烦，发明了世界上最早的计算机。当然，这个计算机只有最基本的加减运算罢了，可它所用的设计原理，现在的计算机还能用到。数学上的数学归纳法也是他最早发现的。

1654 年 11 月的一天，帕斯卡在巴黎乘马车发生意外，差一点儿掉进河里去。受惊后，他觉得自己大难不死一定有神明庇护，于是决定放弃数学和科学去研究神学，只有在偶尔牙痛时才想些数学问题，用这个方法来忘记痛苦。

后来的帕斯卡更加极端，像苦行僧一样生活。他把有尖刺的腰带缠在腰上，如果他认为有什么不虔敬的想法在脑海中出现，就用肘部去挤压腰带以刺痛身体。就这

1

1, 1

1, 2, 1

1, 3, 3, 1

1, 4, 6, 4, 1

1, 5, 10, 10, 5, 1

1, 6, 15, 20, 15, 6, 1

. . . . . . .

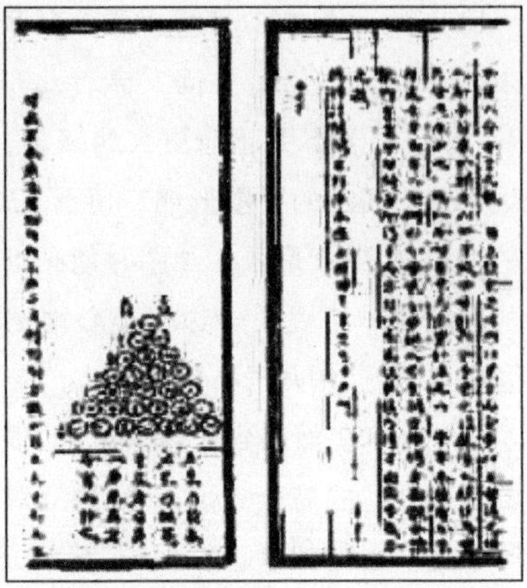

样，数学天才帕斯卡39岁就去世了。

帕斯卡得到三角形定律的经过很简单，据说有一天，他在一张纸上把1、1、1、1……斜着写下来，然后在第二行重复第一行的数字。第三行的第二位数是上一行两位数的和，即 $1+1=2$。第四行的第二位数是上一行前两位数的和，第三位数是第二位数和第三位数的和。以后的各行依次排列。

当他越排越多后，发现这个图形中最奇特的地方：从左上角到右下角画一条线，而这条线所经过的数字恰好就是牛顿二项式定理对于一个特别 $n$ 的展开系数。

欧洲数学家称这个三角形为"帕斯卡三角形"。但是帕斯卡永远也不会想到，中国人约在他出生之前600年就已经知道这个三角形了。中国宋朝的数学家杨辉在1261年所著的《详解九章算法》书中绘有一个开方作法本源图（见右图），并说明："出释锁算书，贾宪用此术。"虽然贾宪所著算书早已失传，但我们知道贾宪是北宋时楚衍的学生，他早在帕斯卡出生前约600年就已经知道这个三角形。因此，外国人称颂的"帕斯卡三角形"，被我们理所当然地称为"贾宪三角"。

左积　右隅

本积 ①

商除 ① ①

平方 ① ② ①

立方 ① ③ ③ ①

三乘 ① ④ ⑥ ④ ①

四乘 ① ⑤ ⑩ ⑩ ⑤ ①

五乘 ① ⑥ ⑮ ⑳ ⑮ ⑥ ①

左衺乃积数
右衺乃隅算
中藏者皆廉
以廉乘商方
命实而除之

# 棋盘上的麦粒
# 等比数列求和

相传，印度至高无上的舍罕王曾向全国发出诏令："谁能发明一种既能让人娱乐，又能在娱乐中增长知识，使人头脑变得更加聪明的东西，本王就让他终生为官，并且王宫中的贵重物品任其挑选。"于是，举国上下的能工巧匠纷纷出动，发明创造出来的新奇玩意儿一件又一件地送到舍罕王的面前。但是所有的发明中没有一件让他满意。

一个风和日丽的早晨，舍罕王闲着无聊，正准备和众大臣到格拉察湖去钓鱼，他忽然发现宰相西萨·班·达依尔没有来，便随口问道："宰相干什么去了？"

"宰相因宫中有一件事未处理好，正在那里琢磨呢。"一个大臣答道。

舍罕王没有追问下去，拿起鱼竿钓起鱼来。众大臣也纷纷响应，于是，一根根长竿同指湖心。

这时，湖水泛起微微的涟漪，湖面在阳光照射下，闪烁出绿宝石般的光芒，刺得人直眨眼。垂柳的枝条沐浴在湖水之中，湖岸边长满了菖蒲。

不一会儿，浮云遮住了太阳，太阳仿佛骤然扭过脸去，不理睬小湖，于是湖泊、村庄和树林全都在刹那间黯淡下来；浮云一过，湖水便又闪闪发亮，庄稼就像是镀上了一层黄金。

舍罕王贪婪地呼吸着乡野的清新空气，眼前的美景使他目不暇接，连鱼竿都横躺在湖面上了。正在这时，有人来报，宰相达依尔飞马来到。

达依尔匆匆下马，来到舍罕王的面前，禀道："陛下，为臣在家中琢磨了许多天，终于发明了象棋，不知大王是否愿意一看？"

舍罕王一听此言，连忙说道："什么象棋？赶快拿来看看。"

这位宰相发明的象棋就是今天的国际象棋，今日的整个棋盘由 64 个小方格组成正方形，共有 32 个棋子，双方各有 16 个，包括国王 1 枚、王后 1 枚、象 2 枚、马 2 枚、车 2 枚、卒 8 枚。双方的棋子在格内移动，以消灭对方的王为胜。舍罕王看到此物，喜不自胜，连忙招呼其他大臣与他对弈。一时间，马腾跻，卒拱动，车急驰，不一会儿舍罕王便连连得胜。

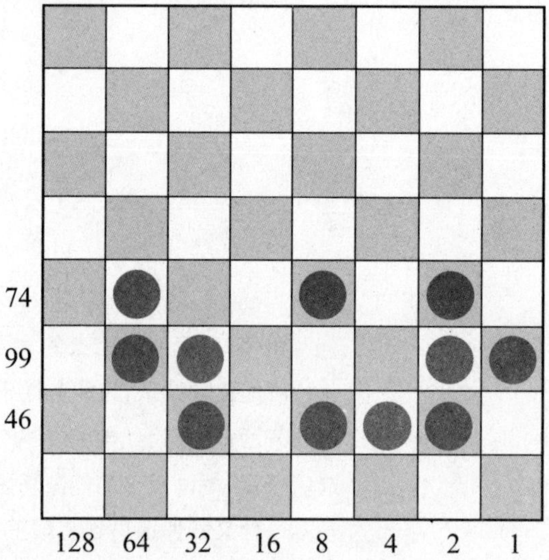

74
99
46
128 64 32 16 8 4 2 1



舍罕王对这个新玩意儿十分满意，便打算重赏自己的宰相，他说道："官不能再封了，你已做到顶了，如要再封恐怕只有我让位了。现在重赏你财物，你要些什么？"

宰相"扑通"跪在国王面前说："陛下，为臣别无他求，只请您在这张棋盘的第一个小格内，赏给我一粒麦子，在第二个小格内赏我两粒麦子，第三格内赏四粒……总之，每一格内都比前一格多一倍。陛下啊，把摆满棋盘上所有 64 格的麦粒赏给我，我就心满意足了。"

看来，这位聪明的宰相胃口并不大。于是国王说道："爱卿，你当然会如愿以偿的。"国王心想，这么好的发明才求赏这么少的物品，真不知道宰相是怎么想的。于是，国王令人立即把一袋麦子拿来。

算麦粒的工作开始了。第一格放一粒，第二格放两粒……还不到第 20 格，袋子已经空了。一袋又一袋的麦子被扛到国王面前。但是，麦粒数一格接一格地增长得非常迅速，开始是人扛，后来是马车拉，再后来干脆一个粮库也填不满一个小格。在场的所有人很快就明白了，即便拿来全印度所有的粮食，国王也兑现不了他对宰相的承诺。

这到底是怎么回事？让我们来算一算这位宰相到底要多少麦粒：

$$1+2+2^2+2^3+\cdots+2^{63}=2^{64}-1=18446744073709551615(\text{粒})$$

这个数字不像宇宙间的原子总数那样大，不过也已经够可观了。

1 蒲式耳（约 36.4 升）小麦约有 500 万颗，照这个数，就得给宰相 40000 亿蒲式耳小麦才行。这位宰相所要求的，竟相当于全世界在 2000 年内所生产的全部小麦！

舍罕王觉得自己金口已开，不能兑现又不能改变，一时不知道该怎么办。一位大臣献计，找个理由砍下他的头就万事大吉了。就这样，宰相西萨·班·达依尔的头被献到了数学的祭坛上。

# 秦九韶法
## 高次方程的最早解法



1819年7月1日，英国人霍纳在皇家学会宣读了一篇数学论文，提出了一种解任意高次方程的巧妙方法，一时引起了英国数学界的轰动。由于这一方法有其独到之处，而且对数学科学有很大的推进作用，所以被命名为“霍纳方法”。

数学家在讨论方程问题

但是没过多久，意大利数学界就提出了异议，因为他们发现自己的同胞鲁菲尼已在15年前就得到了同样的方法，只是没有及时地报道罢了。因此，意大利数学界要求将这一数学方法命名为“鲁菲尼方法”。于是英、意双方开始了喋喋不休的争论。

正巧，有个阿拉伯人前往欧洲，听到了双方的争论后，不置可否地大笑起来。争论双方问他，为何这般大笑。这位阿拉伯人从背包中掏出一本书递给他们，说道：“你们都不要争了，依我看来，这个方法应该称作‘秦九韶方法’。”此时他们才知道，早在500多年前，有个叫秦九韶的中国人就发明了这种方法，双方的这场争论立刻显得毫无意义了。

秦九韶，约生于1208年，南宋时普州安岳（今四川安岳）人。他自幼随做官的父亲周游过许多地方。20岁的时候，他随父亲来到南宋的都城临安（今杭州），并被父亲送到掌管算学、天文历法的太史局学习。在这里，他了解了制定历法的一些基本算法和理论依据，这对于后来写作著名的《数书九章》大有益处。

《数书九章》

后来，他回到四川老家，在一个县城里当县尉。这时北方的元兵大举进犯，战乱频繁。他在这种动乱的环境中度过了壮年时期。在《数书九章》中提及的“天时”和“军旅”等问题，想必与这段生活有关。

又过了几年，秦九韶的母亲去世了，他按照封建社会的传统，回家为母亲守孝三年。正是在这段时间里，秦九韶完成了数学史上辉煌的数学著作——《数书九章》。

《数书九章》共分9大类，每类各有9题，全书共有81道数学题目，内容包括天时、军旅、赋役、钱谷、市易等。在这81道题目中，有的题目比较复杂，但题后大多附有算式和解法。这些解法中包含着许多杰出的数学创造，高次方程的解法就是其中最重要的一项。

高次方程就是未知数的最高次幂在3次以上的方程。对于一元二次方程，我们可以用求根公式来解，3、4次的求根公式很复杂，至于5次以上的方程就没有求根公式。

那么用什么办法来解决呢？秦九韶创造的这种解法是一种近似的解法，但是它能够把结果算到任意精确的程度，只要你按照一些简单的程序，反复地进行四则运算即可。

# 杨辉纵横图

## 数独规律的奥秘



“宋元数学四大家”之一的杨辉，是世界上第一个排出丰富的纵横图和讨论其构成规律的数学家。说起杨辉的这一成就，还得从一件偶然发生的小事说起。

杨辉

一天，台州府的地方官杨辉出外巡游，一路上，前面铜锣开道，后面衙役殿后，中间大轿抬起，好不威风。迷人的春天慷慨地散发着芳香的气息，带来了生活的欢乐和幸福。杜鹃隐藏在果树的枝头，用它那圆润、甜蜜、动人心弦的鸣啭来唤醒人们的希望。

成群的画眉鸟像迎亲似的蹲在树的枝丫上，发出婉转的啼声。楝树、花梨树和栗树仿佛被自身的芬芳熏醉了。杨辉撩起轿帘，看到杂花生树，飞鸟穿林，真乃春色怡人淡复浓，唤侣黄鹂弄晓风。真是一年好景，旖旎风光。

走着，走着，只见开道的铜锣停了下来，前面传来孩童的大声喊叫声，接着是衙役恶狠狠的训斥声。杨辉忙问怎么回事。差人来报："孩童不让过，说等他把题目算完后才让走，要不就绕道。"

杨辉一听来了兴趣，连忙下轿抬步，来到前面。衙役急忙说："是不是把这孩童轰走？"

杨辉摸着孩童的头说："为何不让本官从此处经过？"

孩童答道："不是不让经过，我是怕你们把我的算式踩掉，我又想不起来了。"

"什么算式？"

"就是把1到9的数字分三行排列，不论竖着加、横着加，还是斜着加，结果都是等于15。我的先生让我下午一定要把这道题做好，我正算到关键之处。"

| 4 | 9 | 2 |
| --- | --- | --- |
| 3 | 5 | 7 |
| 8 | 1 | 6 |

杨辉连忙蹲下身，仔细地看那孩童的算式，觉得这些数字好像在哪儿见过，仔细一想，原来是西汉学者戴德编纂的《大戴礼记》书中所写的文章中提及的。杨辉和孩童连忙一起算了起来，直到天已过午，结果才出来。他们又验算了一下，最终结果全是15。两人这才舒了一口气，站了起来。上图就是他们当时算出的结果，你可以自行验证一下，无论横、竖、斜着加，结果都是15。

孩童望着这位慈祥和善的地方官说："耽搁你的时间了，到我家吃饭吧！"

杨辉一听连说："好，好，下午我还想去见见你的先生。"

孩童望着杨辉，眼泪汪汪。杨辉心想，这里肯定有什么蹊跷，便温和地问道："到底是怎么回事？"

孩童这才一五一十把原因道出：原来这孩童并未上学，家中穷得连饭都吃不饱，哪有钱读书。而这孩童给地主家放牛，每到学生上学时，他就偷偷地躲在教室的窗下偷听。今天上午先生出了这道题，孩童用心自学，终于把它解决了。

杨辉听到此感动万分，觉得一个小小的孩童竟有这番苦心，实在不易，便对孩童说："这是十两银子，你拿回家去吧。下午你到书院去，我在那儿等你。"

下午，杨辉带着孩童找到先生，把这孩童的情况向先生说了一遍，又掏出银两，给孩童补了名额，孩童一家感激不尽。自此，这孩童方才有了真正的先生。

教书先生对杨辉的为人非常敬佩，于是两人谈论起数学。杨辉说道："方才我和孩童做的那道题好像是《大戴礼记》书中的？"



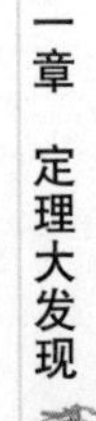

那先生笑着说："是啊，《大戴礼记》虽然是一部记载各种礼仪制度的文集，但其中也包含着一些数学知识。方才你说的题目，就是我给孩子们出的数学游戏题。"

教书先生看到杨辉疑惑的神情，又说道："《数术记遗》一书中就写过：'九宫者，二四为肩，六八为足，左三右七，戴九履一，五居中央。'"

宋刻本《数术记遗》

杨辉默念一遍，发现先生说的正与上午他和孩童摆的数字一样，便问道："你可知道这个九宫图是如何造出来的?"教书先生也不知出处。

杨辉回到家中，反复琢磨，一有空闲就在桌上摆弄着这些数字，终于发现了一条规律。他把这条规律总结成四句话："九子斜排，上下对易，左右相更，四维挺出。"就是说，一开始将九个数字从大到小斜排三行，然后将9和1对换，左边7和右边3对换，最后将位于四角的4、2、6、8分别向外移动，排成纵横三行，就构成了九宫图。



按照类似的规律，杨辉又得到了"花十六图"，就是把1～16排列在四行四列的方格中，使每一横行、纵行、斜行四数之和均为34。

后来，杨辉又将散见于前人著作中和流传于民间的这类问题加以整理，得到了"五五图""六六图""衍数图""易数图""九九图""百子图"等许多类似的图。

杨辉把它们总称为纵横图，并于1275年写进自己的数学著作《续古摘奇算法》一书中，并流传后世。这就是目前十分流行的数独。

杨辉可以说是世界上第一个给出了如此丰富的纵横图和讨论了其构成规律的数学家。杨辉除此成就之外，还有一项重大贡献，就是记录下了"贾宪三角"。他的几部著作极大地丰富了我国古代数学宝库，为数学科学的发展做出了卓越的贡献。他不愧为"宋元数学四大家"之一。

# 墓志铭上的发现
# 圆柱体积的求法

阿基米德

阿基米德是古希腊著名的数学家。有一天,邻居的儿子詹利到阿基米德家的小院子玩耍。詹利很调皮,也是个很讨人喜欢的孩子,他仰起通红的小脸说:"阿基米德叔叔,我可以用你圆圆的柱子做教堂的立柱吗?"

"可以。"阿基米德说。

小詹利把这个圆柱立好后,按照教堂门前柱子的模型,准备将一个圆球放到圆柱上。由于圆球的直径和圆柱体的直径和高正好相等,所以球"扑通"一下掉入圆柱体内,倒不出来了。詹利大声喊叫阿基米德来帮他把球取出来。阿基米德看到这一情况后,脑子里在思索着:圆柱体的高度与直径相等,恰好嵌入的球体不就是圆柱体的内接球体吗?

但是怎样才能确定圆球和圆柱体之间的关系呢？这时，小詹利端来一盆水说："对不起，阿基米德叔叔，如果把水倒进圆柱里，圆球也许会和水一起出来。"

阿基米德眼睛一亮，抱着小詹利，慈爱地说："谢谢你，小詹利，你帮我解决了一个大难题。"阿基米德把水倒进圆柱体，再把球取出来，量量剩余的水有多少，然后再把圆柱体的水加满，再量量圆柱体到底能装多少水。这样反复倒来倒去地测量后，他得出一个惊人的发现：内接球的体积恰好等于外包圆柱体容积的2/3。

他欣喜若狂，连忙记录下这一伟大的发现：圆柱体和它内接球体的比例或两者之间的关系是3∶2。他为自己的发现感到由衷的高兴与自豪，他嘱咐后人，一定要将有内接球体的圆柱体图案刻在他的墓碑上作为墓志铭。



阿基米德的惊人成就引起了人们的关注和敬佩，朋友们称他为"阿尔法"（阿尔法就是希腊字母中的第一个字母α），即一级数学家。

阿基米德用心做题，罗马士兵来到身边竟全然不觉

阿基米德作为"阿尔法"当之无愧，所以20世纪数学史学家E. T. 贝尔说："任何一张列出有史以来最伟大的三个数学家的名单中，必定包括阿基米德。"

阿基米德的数学成就在于他既继承和发扬了古希腊研究抽象数学的科学方法，又使数学的研究和实际应用联系起来。这在科学发展史上意义重大，对后世有极为深远的影响。

# 拿破仑定理

## 军事天才的数学造诣

拿破仑定理？没错，这个拿破仑就是大家熟悉的军事天才拿破仑。事实上，拿破仑从小就是个数学成绩优秀的好学生，他还有一个有名的数学家朋友。

拿破仑从小就是数学成绩优秀的好学生

拿破仑的文学造诣也是很好的。“ABLE WAS I ERE I SAW ELBA!”这是拿破仑写的有趣句子，这句话的特色在于无论由左往右看或由右往左看都是一样的。原文的意思是“在我看到厄尔巴岛前，我所向无敌”。在学校上学的时候，拿破仑便因数学成绩优秀闻名而被推荐去当炮兵。

拿破仑定理的内容是这样的：假如我们在任意三角形上的每一边上画一个等边三角形（全部向外或全部向内），则这些等边三角形的中心点会形成一个等边三角形（如下图所示）。

当然，这个定理是否真的是由拿破仑发现的并没有任何直接的证据，不过发现这个定理并证明它却不是件难事。何况拿破仑的数学能力不错，真是他所发现的也不足为奇。

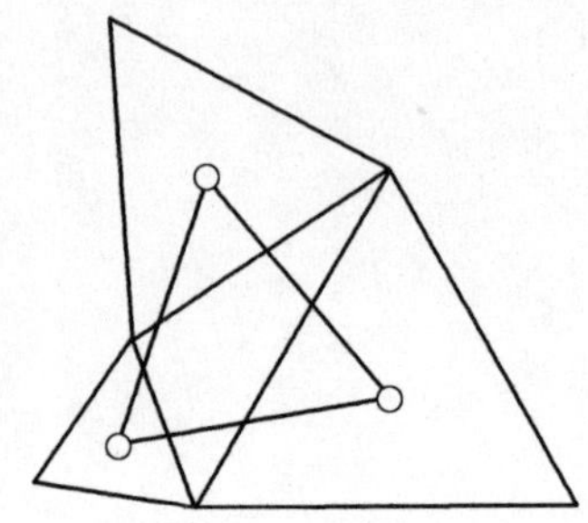

假如，我们在一等边三角形的其他两边复制两个三角形，然后在这些三角形的边上加上等边三角形，其排列如下：

很容易注意到：这些等边三角形的角度都是$\frac{\pi}{3}$，而原三角形的角度总和是 $\pi$。根据对称原理，图形外侧等边三角形之中心点距离是相等的，而这六个中心三角形是全等的，以至于有相同的角度，连接中心点的图形是一个正六边形，所以，中心点间距离是相等的。这对于一个聪明的学生来说是很容易观察到的。

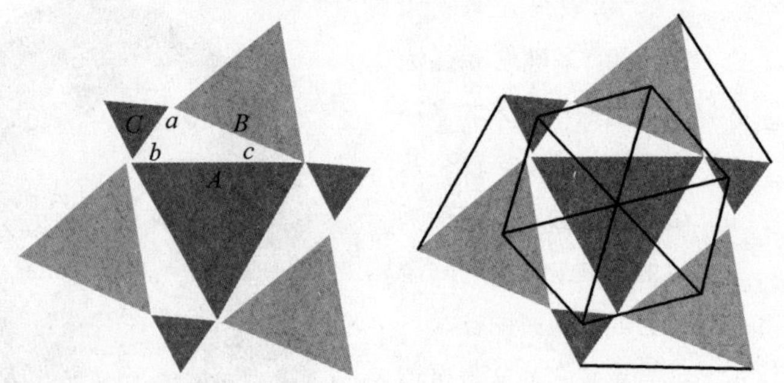


这一定理可以这样表述：若以任意三角形的各边为底边向外作底角为30°的等腰三角形，则它们的顶点构成了一个等边三角形。

## 皆大欢喜

# 导出圆面积公式

怎样求圆面积？这已是一个非常简单的问题，用公式一算，结论就出来了。可是你知道这个公式是怎样得来的吗？在过去漫长的年代里，人们为了研究和解决这个问题，不知遇到了多少困苦，花费了多少精力和时间。

在平面图形中，长方形的面积最容易计算了。用大小一样的正方形砖块铺垫长方形地面，如果横向用八块，纵向用六块，那一共就用了 8×6=48 块砖。所以求长方形面积的公式是：长×宽。

求平行四边形的面积，可以用割补的方法，把它变成一个与它面积相等的长方形。长方形的长和宽，就是平行四边形的底和高。所以求平行四边形面积的公式是：底×高。

求三角形的面积,可以对接上一个和它全等的三角形,成为一个平行四边形。这样,三角形的面积,就等于和它同底同高的平行四边形面积的一半。因此,求三角形面积的公式是:$\frac{1}{2}$×底×高。

任何一个多边形,因为可以分割成若干个三角形,所以它的面积,就等于这些三角形面积的和。

四千多年前修建的埃及胡夫金字塔,底座是一个正方形,占地约 52900 $m^2$。它的底座边长和角度计算十分准确,误差很小,可见当时测算大面积的技术水平已经很高了。

圆是最重要的曲边形,古埃及人把它看成是神赐予人的神圣图形。怎样求圆的面积,是数学对人类智慧的一次考验。

我国古代的数学家祖冲之,从圆内接正六边形入手,让边数成倍增加,用圆内接正多边形的面积去逼近圆面积。古希腊的数学家,从圆内接正多边形和外切正多边形同时入手,不断增加它们的边数,从里外两个方面去逼近圆面积。古印度的数学家,采用类似切西瓜的办法,把圆切成许多小瓣,再把这些小瓣对接成一个长方形,用长方形的面积去代替圆面积。众多的古代数学家煞费苦心,巧妙构思,为求圆面积做出了十分宝贵的贡献,为后人解决这个问题开辟了道路。

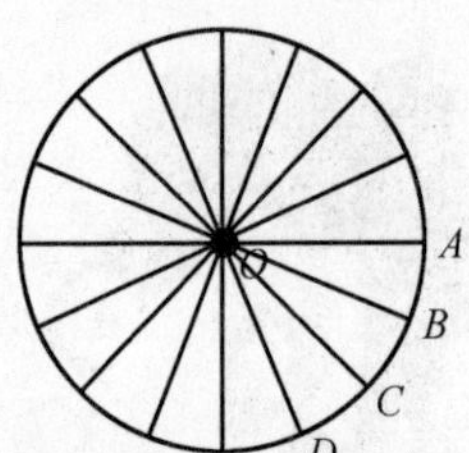


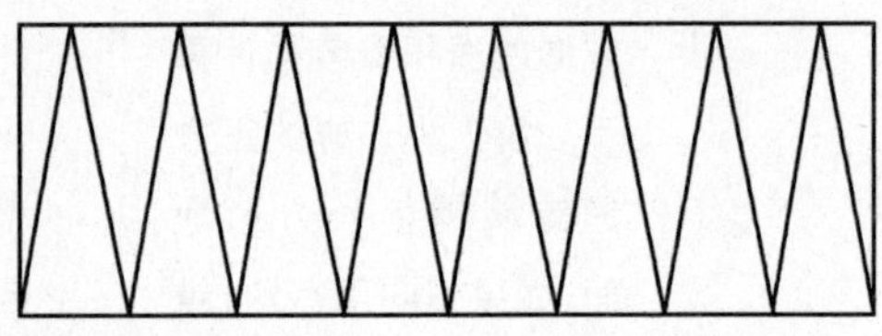

德国天文学家开普勒,是一个爱观察、肯动脑筋的人。他把丹麦天文学家第谷遗留下来的大量天文观测资料,认真地进行整理分析,提出了著名的“开普勒三定律”。开普勒第一次告诉人们,地球围绕太阳运行的轨道是一个椭圆,太阳位于其中的一个焦点上。

开普勒当过数学老师,他对求面积的问题非常感兴趣,曾进行过深入的研究。他想,古代数学家用分割的方法去求圆面积,得到的结果都是近似值。为了提高近似程度,他们不断地增加分割的次数。但是,不管分割几千几万次,只要是有限次,所求出来的总是圆面积的近似值。要想求出圆面积的精确值,必须分割无穷多次,把圆分成无穷多等份才行。

开普勒也仿照切西瓜的方法，把圆分割成许多小扇形；不同的是，他一开始就把圆分成无穷多个小扇形。

因为这些扇形太小了，小弧 $\overset{\frown}{AB}$ 也太短了，所以开普勒就把小弧 $\overset{\frown}{AB}$ 和小弦 $\overline{AB}$ 看成是相等的，即 $\overset{\frown}{AB}=\overline{AB}$。

小扇形 $AOB$ 的面积 = 小三角形 $AOB$ 的面积 $=\frac{1}{2}r\times\overline{AB}$。

圆面积等于无穷多个小扇形面积的和，所以

$$\text{圆面积}S=\frac{1}{2}r\times\overline{AB}+\frac{1}{2}r\times\overline{BC}+\frac{1}{2}r\times\overline{CD}+\cdots$$

$$=\frac{1}{2}r(\overline{AB}+\overline{BC}+\overline{CD}\cdots)$$

在最后一个式子中，各段小弧相加就是圆的周长 $2\pi r$，所以有

$$S=\frac{1}{2}r\times 2\pi r=\pi r^2$$

这就是我们所熟悉的圆面积公式。

开普勒运用无穷分割法，求出了许多图形的面积。1615 年，他将自己创造的这种求圆面积的新方法，发表在《葡萄酒桶的立体几何》一书中。他大胆地把圆分割成无穷多个小扇形，并果敢地断言：无穷小的扇形面积，和它对应的无穷小的三角形面积相等。他在前人求圆面积的基础上，向前迈出了重要的一步。

开普勒

《葡萄酒桶的立体几何》一书很快在欧洲流传开了。数学家们高度评价开普勒的工作，称赞这本书是人们创造求圆面积和体积新方法的灵感源泉。

# 卡瓦列里原理
## 衣服上诞生的微分原理



我们已经知道，开普勒运用无穷分割法，求出了许多图形的面积，最为大家熟知的就是圆面积的算法。

卡瓦列里

一种新的理论，在开始的时候很难十全十美。开普勒创造的求圆面积的新方法，引起了一些人的怀疑。他们问道：开普勒分割出来的无穷多个小扇形，它的面积究竟等于不等于零？如果等于零，半径 $OA$ 和半径 $OB$ 就必然重合，小扇形 $OAB$ 就不存在了；如果客观存在的面积不等于零，小扇形 $OAB$ 与小三角形 $OAB$ 的面积就不会相等。开普勒把两者看作相等就不对了。面对别人提出的问题，开普勒自己也解释不清。

卡瓦列里是意大利物理学家伽利略的学生，他研究了开普勒求圆面积方法存在的问题。卡瓦列里想，开普勒把圆分成无穷多个小扇形，所有小扇形的总面积到底等不等于圆面积，就不好确定了。但是，只要小扇形还是图形，它是可以再分的呀，开普勒为什么不再继续分下去了呢？要是真的再细分下去，那分到什么程度为止呢？这些问题，使卡瓦列里陷入了沉思之中。

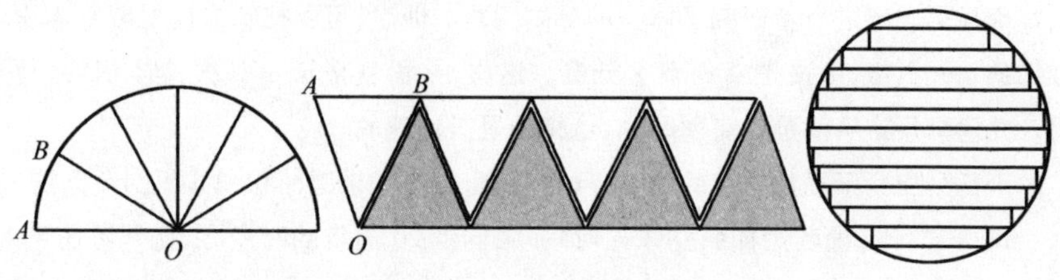


将圆切割成扇形在拼接成平行四边形

有一天，当卡瓦列里的目光落在自己的衣服上时，他忽然灵机一动："唉，布不是可以看成面积吗？布是由棉线织成的，要是把布拆开的话，就拆到棉线为止。我们要

卡瓦列里原理示意图

是把面积像布一样拆开，拆到哪儿为止呢？应该拆到直线为止。几何学规定直线没有宽度，把面积分到直线应该就不能再分了。”于是，他把不能再细分的东西叫作“不可分量”。棉线是布的不可分量，直线是平面面积的不可分量。

卡瓦列里还进一步研究了体积的分割问题。他想，可以把长方体看成一本书，组成书的每一页纸，应该是书的不可分量。这样，平面就应该是长方体体积的不可分量。几何学规定平面是没有薄厚的，这样也是有道理的。

卡瓦列里紧紧抓住自己的想法，反复琢磨，提出了求圆面积和体积的新方法。

1635 年，当《葡萄酒桶的立体几何》一书问世 20 周年的时候，卡瓦列里在意大利出版了《不可分量几何学》。在这本书中，卡瓦列里把点、线、面分别看成是直线、平面、立体的不可分量；把直线看成是点的总和，把平面看成是直线的总和，把立体看成是平面的总和。

卡瓦列里还根据不可分量的方法指出，两本书的外形虽然不一样，但是，只要页数相同，薄厚相同，而且每一页的面积也相等，那么，这两本书的体积就应该相等。他认为这个道理，适用于所有的立体，并且用这个道理求出了很多立体的体积。这就是有名的“卡瓦列里原理”。



事实上，最先提出这个原理的，是我国数学家祖冲之，其子祖暅文进行了完善，比卡瓦列里早一千多年，所以我们也把此面积定理称为“祖暅文原理”。

# 最具水准的情书
# 心形线的发现

笛卡儿

笛卡儿出生于法国，他对数学的贡献相当大，他是第一个发现直角坐标的人，可惜一生穷困潦倒，52 岁以前一直默默无闻。

当时法国正流行黑死病，笛卡儿不得不逃离法国，流浪到瑞典以乞讨为生。

有一天，他在市场乞讨时，恰好有一群少女经过，其中一名少女发现他的口音不像是瑞典人，不免非常好奇，于是上前问他：

"你从哪儿来的啊？"

"法国。"

"你是做什么的啊？"

"我是数学家。"

这名少女叫克丽丝汀，18 岁，是一个小公国的公主。她和其

他女孩子不一样，不喜欢文学，而是热衷于数学。当她听到笛卡儿说明身份之后，产生了很大的兴趣，于是邀请笛卡儿与她一起回宫。

就这样，笛卡儿成了她的数学老师，他将一生的研究成果倾囊相授给了克丽丝汀，使克丽丝汀的数学水平日益进步。直角坐标在当时还只有笛卡儿这对师生才懂。

后来，他们之间有了不一般的情愫，发生了师生恋。这件事传到国王耳中，国王勃然大怒，下令将笛卡儿处死。克丽丝汀以自缢相逼。国王害怕宝贝女儿真的会想不开，于是将笛卡儿驱逐回法国，并将克丽丝汀软禁起来。

笛卡儿回到法国后，没多久就染上了重感冒，躺在床上奄奄一息。笛卡儿不断地写信给瑞典的克丽丝汀，但却被国王拦截没收，所以克丽丝汀一直没收到笛卡儿的信。

笛卡儿在寄出第 13 封信后没多久，就气绝身亡了。

这封信的内容只有短短的一行：

$r=a(1-\sin\theta)$



国王收到这封信，拆开一看，发现并不是一如往常的情话，只是自己看不懂的数学公式，心想反正笛卡儿快要死了，而且公主被软禁以后始终闷闷不乐，所以，就把信交给了克丽丝汀。

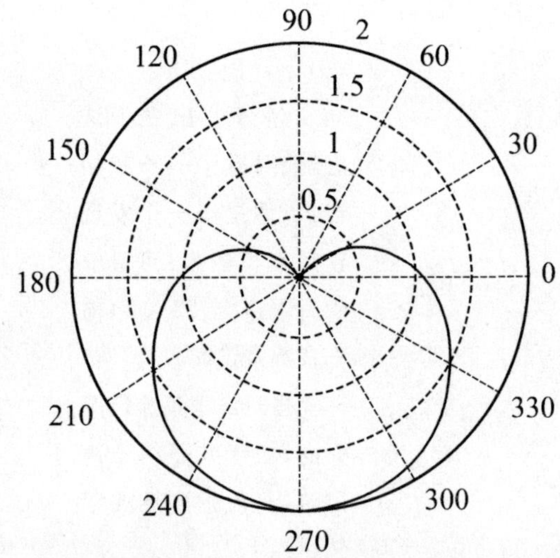


当克丽丝汀看了这封信后，欣喜万分，她很高兴自己的爱人还是在想念她的。她怀着兴奋的心情立刻动手研究这行字的秘密。

没多久她就解出来了，用的就是“直角坐标图”，这个符号便是“心形线”！

这就是笛卡儿和克丽丝汀之间的秘密数学式。不久，国王也死了，克丽丝汀继承了王位。登基之后，她马上派人在欧洲四处寻找笛卡儿的踪迹，可惜斯人已故。

据说这封享誉世界的另类情书还保留在欧洲的笛卡儿纪念馆里。

# 哥德巴赫猜想

## 数学界的珠穆朗玛

哥德巴赫本来是普鲁士派往俄罗斯的一位公使，后来成了一名数学家。哥德巴赫和费马一样，很喜欢和别人通信讨论数学问题。不过，他在数学上的成就和声望远远不如费马，有的人甚至认为他不是数学家。其实，有资料说，他不仅是数学家，而且是圣彼得堡科学院院士。哥德巴赫与另一名圣彼得堡科学院院士、著名数学家欧拉经常通信，前后一共有15年以上的历史，信中讨论的经常是数学问题。

1742年6月7日，哥德巴赫写信告诉欧拉，说他想冒险发表一个猜想——大于5的任何数是三个素数的和。这里要顺便交代一句，有一个时期，人们把1看成是特殊的素数，后来才像今天这样把1与素数严格区别开来。同年6月30日，欧拉在给哥德巴赫的回信中说："每一个偶数都是两个素数之和，虽然我还不能证明它，但我确信这个论断是完全正确的。"

这次通信的内容传播出来后，当时的数学界把他们两人通信中谈到的问题叫作哥德巴赫问题。后来，它被归纳为：

命题A：每一个大于或者等于6的偶数，都可以表示为两个奇素数的和。

命题B：每一个大于或者等于9的奇数，都可以表示为三个奇素数的和。

这就是今天我们所说的哥德巴赫猜想，实际上，应该是哥德巴赫－欧拉猜想。比如：

50＝19＋31，51＝7＋13＋31

52＝23＋29，53＝3＋19＋31

当然，表示方法可能是很多的。例如：

50＝3＋47＝7＋43＝13＋37＝19＋31

很明显，如果命题A成立，那么命题B也就成立。因为假设$N$是大于或者等于9的奇数，那么，$N-3$就是大于或者等于6的偶数。命题A成立，就是存在着奇素数$P_1$与$P_2$，使得$N-3=P_1+P_2$，这就是$N=3+P_1+P_2$，就像前面的50与53的关系一样。但反过来，如果证明了命题B成立，并不能保证命题A就一定成立。

19世纪的很多大数学家，都研究过哥德巴赫猜想，但是进展不大。

希尔伯特

1900年，希尔伯特在巴黎的国际数学家大会上提出了23个研究题目，这就是有名的希尔伯特问题，也是23个大难题。哥德巴赫猜想命题A，与另外两个有关的问题一起，被概括为希尔伯特第八问题。



到了1912年，在第五届国际数学家大会上，著名的数论大师兰道发言说，哥德巴赫问题即使改成较弱的命题C，也是现代数学家力不能及的。

命题C的意思是：不管是不超过3个，还是不超过30个，只要你想证明存在着一个这样的正数$c$，而能“使每一个大于或等于2的整数，都可以表示为不超过$c$个素数之和”。

过了九年，到了1921年，著名数论大师哈代在哥本哈根召开的国际数学家大会上说，哥德巴赫猜想的困难程度，可以与任何没有解决的数学问题相比拟。哈代也认为这是极其困难的，但是不像兰道说的那样绝对。

1930年，苏联25岁的数学家西涅日尔曼，用他创造的“正密率法”，证明了兰道说的那个现代数学家力不能及的命题C，还估算了这个数$c$不会超过$S$，并算出$S\leqslant 800000$，人们称$S$为西涅日尔曼常数。

西涅日尔曼的成就震惊了世界。这是哥德巴赫猜想研究史上的一个重大突破。可惜他只活到33岁。1930年以后,包括兰道在内的很多数学家竞相缩小$S$的估计值,到1937年,得到$S \leqslant 67$。

在1937年,哥德巴赫猜想的研究又取得了新的成就。苏联著名的数学家伊·维诺格拉多夫,应用英国数学家哈代与李托伍特创造的"圆法",和他自己创造的"三角和法"证明了:充分大的奇数,都可以表示为三个奇素数之和。

伊·维诺格拉多夫基本上解决了命题B,通常称为"三素数定理"。坚固无比的堡垒哥德巴赫猜想,正在被人们逐个攻破。

这里要注意,命题B所说的是每一个大于或者等于9的奇数,都可以表示为三个奇素数之和。数学家在证明这个命题时,往往把9放大到很大很大,比方说放大到100000,人们只要证明每一个大于100000的奇数都可以表示为三个奇素数之和,就算基本上证明了命题B。对于剩下的那一部分从9~100000的有限个奇数,是否每个都可以表示为三个奇素数之和,可以暂时不管,留待以后去检验。所以叫作"基本上"证明了命题B。

实际上,伊·维诺格拉多夫未检验的有限个奇数,是9到10的400万次方之间的奇数,即1后面跟400万个0那么多个数中的奇数。如果真要去逐个检验每个是否能表示为三个奇素数之和的话,且不说那时还没有电子计算机,就算用现在最快的电子计算机,从他那时算到现在也算不完。再说也没有那么大的素数表供他使用。可见,"凡是大于10的400万次的奇数都能表示为三个奇素数之和"这点被证明了,这就相当不简单了。因为前面的那些奇数到底还是有限个,而这里证明了的是无穷多个。

伊·维诺格拉多夫的工作,相当于证明了西涅日尔曼常数$S \leqslant 4$。命题B基本上被解决了,于是有些不太了解数论情况的人,曾经认为只差一步就到命题A了,谁知这一步的腿迈出了几十年,还没有着地哩!

有人核对过从6~3300万的任何偶数,都能表示为两个奇素数之和。这种核对工作是一直有人在做的。有的人核对,是想找到一个不能表示为两个奇素数之和的偶数,即找到一个反例,一举否定哥德巴赫猜想。这样,哥德巴赫猜想便宣告解决。有的人核对,是想得到一些统计数字,摸清一些规律,为证明哥德巴赫猜想做准备。当然,也有人同时拥有上述两种意图。

这里要注意,无论是从6算到3300万也好,还是从6算到3300亿也好,都是有限个数。由这些有限个数统计出的任何数据,除非是反例,都是不能用来当作证明的依

据的。

在命题 A 的研究过程中，人们引入了“殆素数”的概念。

什么叫殆素数？我们知道，除 1 以外的任何一个正整数，一定能表示成若干个素数的乘积，其中的每一个素数，都叫作这个正整数的一个素因子。每一个正整数，相同的素因子要重复计算，它有多少个素因子，是一个确定的数。如果这个正整数本身就是素数，就说它只有一个素因子。以 25 ~ 30 这六个数为例：

25 = 5 × 5　有 2 个素因子

26 = 2 × 13　有 2 个素因子

27 = 3 × 3 × 3　有 3 个素因子

28 = 2 × 2 × 7　有 3 个素因子

29 是素数　有 1 个素因子

30 = 2 × 3 × 5　有 3 个素因子

殆素数就是素因子（包括相同的和不同的）的个数不超过某一个固定常数的自然数。例如 25 ~ 30 的六个数中，25、26、29 三个数，是素因子不超过 2 的殆素数，其余三个不是。要是说素因子不超过 3 的数是殆素数，那么这六个数就都是殆素数。



应用殆素数的概念，可以提出一个新命题 D，通过对这个命题的研究，来接近命题 A。

命题 D：每一个充分大的偶数，都是素因子的个数不超过 $m$ 与 $n$ 的两个殆素数之和。这个命题简记为“$m+n$”。注意，这里的“3 + 4”或者“1 + 2”等是数学命题的代号，与“3 + 4 = 7”或者“1 + 2 = 3”无任何关系。就像有的电影院把座位 13 排 8 号简写为“13 - 8”，与“13 - 8 = 5”没有任何关系一样。

例如，“1 + 2”就是每个充分大的偶数，都可以表示成素因子的个数不超过 1 个（即素数）与素因子的个数不超过 2 个的两个数的和。比如 100 = 23 + 7 × 11，434 = 31 + 13 × 31，168 = 79 + 89 等都是合乎要求的。如果能证明，凡是比某一个正整数大的任何偶数都能像这样，表示成一个素数加上两个素数相乘，或者表示成一个素数加上另一个素数，就算证明了“1 + 2”。如果能证明“1 + 1”，就基本上证明了命题 A，也就是基本上解决了哥德巴赫猜想。等到那时，哥德巴赫猜想就该叫哥德巴赫定理了——人们已经为此奋斗了将近三百年。

# 费马猜想

## 10万马克悬赏的证明

早在公元3世纪时，古希腊数学家丢番图就在他的《算术》一书中讨论了二次不定方程 $x^2+y^2=z^2$ 有多少组正整数解的问题。现在我们可能都知道这个方程有正整数解，例如：

$$\begin{cases}x=3\\y=4\\z=5\end{cases}\quad\begin{cases}x=6\\y=8\\z=10\end{cases}\quad\begin{cases}x=5\\y=12\\z=13\end{cases}\quad\cdots$$

每一个解的三个正整数（$x$、$y$、$z$）叫作一个勾股数组，而且每个勾股数组都符合我们中国数学家首先发现的“勾三，股四、弦五”，所以叫作勾股定理。如果我们进一步设

$$\begin{cases}x=m^2-n^2\\y=2mn（m、n\text{ 为任意自然数，且 }m>n）\\z=m^2+n^2\end{cases}$$

我们还可以发现这样的每一个解都适合方程，因此这个方程有无限多个正整数解。

1621年，当丢番图的《算术》一书译成法文刚刚出版时，法国业余数学家费马（他是学法律的，长期任议会顾问）买到了此书。他研究了不定方程 $x^n+y^n=z^n$（$n$ 为正整数），得出以下结论：“当 $n>2$ 时，不定方程 $x^n+y^n=z^n$ 没有正整数解。”他还在此书的底页上写道：“要把一个立方数分为两个立方数，一个四次方数分为两

个四次方数,一般地,把一个大于二次方的乘方数分为同样指数的两个乘方数,都是不可能的。我确实发现了这个奇妙的证明,因为这个地方太小,我不能写在这个底页上了。"

1665 年,费马去世后,他的儿子整理了他的全部遗稿和书信,但没有找到费马的"证明",因此这个问题就成了悬而未决的"费马猜想"。

费马

数学家们都相信费马的结论是正确的,把它叫作"费马定理",并为证明它而付出了巨大的精力。

1770 年,大数学家欧拉证明了方程 $x^3+y^3=z^3$,$x^4+y^4=z^4$ 没有正整数解;1823 年,数学家勒让德证明了方程 $x^5+y^5=z^5$ 没有正整数解;1839 年,数学家拉梅和勒贝格证明了方程 $x^7+y^7=z^7$ 也没有正整数解;而到了 1976 年,美国数学家更是称他们已证明了方程 $x^n+y^n=z^n$($n$ 为正整数)当 $2<n<100000$ 时都没有正整数解。

1900 年,德国大数学家希尔伯特总结了当时还没有解决的数学问题,把它们归纳为 23 个难题,"费马猜想"被列为第十个难题。1908 年,德国数学爱好者保罗·乌斯克提出:在 2007 年以前,谁能够第一个解决"费马猜想"就给他 10 万马克的奖金。

1977 年,美国数学家大卫·曼福特证明了"如果不定方程有整数解,那么这种解是非常少的"。为此,他获得了国际数学界的最高荣誉——菲尔德金牌奖。

1995 年,英国数学家怀尔斯证明了这一猜想,并获得了那 10 万马克奖金。

# 概率的稳定性

## 男孩多于女孩吗

大千世界里，人们所遇到的现象不外乎两类：一类是确定现象，另一类是随机发生的不确定现象。这类不确定现象叫作随机现象。

如在标准大气压下，水加热到100℃时沸腾，是确定会发生的现象。用石蛋孵出小鸡，是确定不可能发生的现象。而人类繁衍的生男育女、适当条件下的种子发芽等等，则是随机现象。

我们生活的这个世界里，充满着不确定性。人们虽然能够精确地预知尚未发生的确定现象的必然事件，却难以预知尚未发生的随机现象的偶然事件。

从表面上看，随机现象的每一次观察结果都是偶然的，但多次观察某个随机现象立即可以发现：在大量的偶然之中存在着必然的规律。

比如，把一枚钱币掷到桌上，出现正面还是反面预先是无法断定的。如果掷的钱币不止一枚，或掷的次数不止一次，那么出现正、反面的情况又将如何呢？下面是历史上几位名人投掷钱币的实验记录，从中可以看出，投掷的次数越多，出现正面的频率越接近于0.5。为什么会有这样的规律呢？第一个科学地揭示其中奥秘的，是世界数学史上著名的伯努利家族的雅科布·伯努利。从17世纪中期到18世纪末，伯努利家族的几代人中出了11位杰出





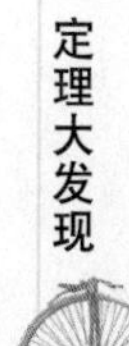

的数学家，雅科布是其中最负盛名的一位。他的数学几乎是自学成才的，由于他的才华和造诣，从 33 岁到逝世的 18 年时间里，他一直受聘为巴塞尔大学的教授。他的名著《推测术》是概率论的一个丰碑，书中证明了极有意义的大数定律。该定律表明：当实验次数很大时，事件出现的频率和概率有较大偏差的可能性很小，因此可用频率来代替概率。这个定律使伯努利的姓氏永载史册。

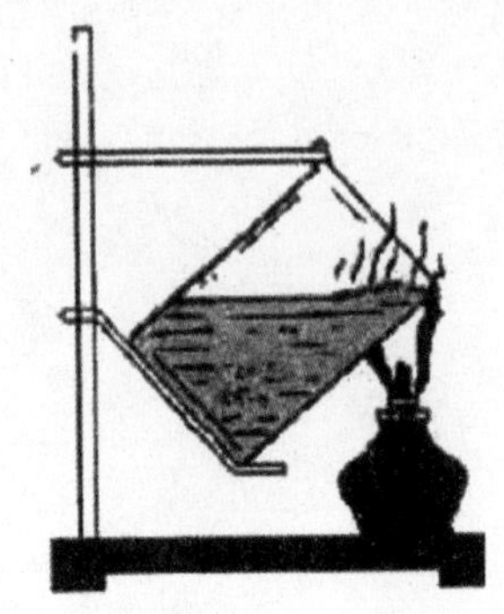

| 实验人 | 投掷次数 | 出现次数 | 出现正面的频率 |
|---|---|---|---|
| 狄摩更 | 2 048 | 1 006 | 0.518 1 |
| 布　丰 | 4 040 | 2 048 | 0.506 9 |
| 皮尔逊 | 12 000 | 6 019 | 0.501 6 |
| 皮尔逊 | 24 000 | 12 012 | 0.500 5 |



大数定律说明的是：当实验次数很多时，随机事件 $A$ 出现的频率，稳定地在某个数值 $P$ 附近摆动。这个稳定值 $P$ 叫作随机事件 $A$ 的概率，并记为 $P(A)=P$。

概率的稳定性可以从人类生育的统计中得到生动的例证。一般人或许会认为，生男生女的可能性是相等的，因而推测男婴和女婴出生数的比应当是 1∶1，可事实并非如此。

拉普拉斯

1812 年，法国著名的数学家拉普拉斯(1749—1827)在他的新作《概率论的解析理论》一书中，记载了以下有趣的统计。他根据伦敦、圣彼得堡、柏林和全法国的统计资料，得出几乎完全一致的男婴出生数与女婴出生数的比值为 22∶21，即在全体出生的婴儿中，男婴占 51.2%，女婴占 48.8%。我国的几次人口普查统计表明，男、女婴出生数的比也是22∶21。

为什么男婴出生率要比女婴出生率高一些呢？这是生物学上的一个有趣课题。

原来人类体细胞中含有46段染色体。这46段染色体都是成对存在的，分为两套，每套中位置相同的染色体具有相同的功能，共同控制人体的一种性状。第23对染色体是专司性别的，这一对因男女而异：女性这一对都是X染色体；男性一条是X染色体，另一条是Y染色体。由于性细胞的染色体都只有单套，所以男性的精子有两种，一种含X，一种含Y，而女性的卵子则全部含X。生男生女取决于X和Y两种精子中何种同卵子结合。如果带Y染色体的精子同卵子结合，则生男；如果是带X染色体的精子同卵子结合，则生女。大概是由于含X染色体的精子与含Y染色体的精子之间存在某种差异，这使得它们进入卵子的机会不尽相同，从而造成了男婴和女婴出生率的不相等。

以上事实雄辩地表明：在大量纷繁复杂的偶然现象背后，隐藏着必然的规律，"概率的稳定性"就是这种偶然中的一种必然。

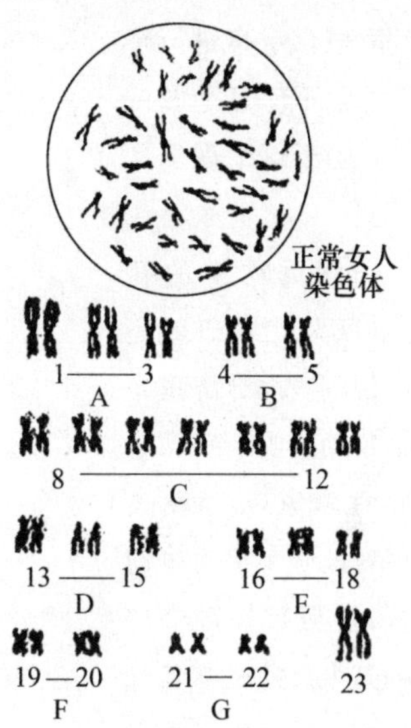


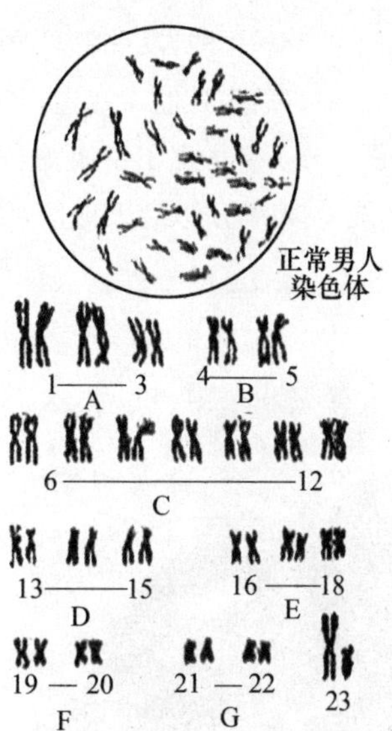

# 布朗运动模型

## 醉鬼走路也有规律



1827 年，英国植物学家布朗(1773—1858)，用显微镜观看悬浮在一滴水中的花粉颗粒，发现它们像醉鬼走路一样，各自进行着毫无规则的运动。后来人们才知道，花粉之所以会不停息地做无序运动，是受水分子各方面不平衡撞击的结果。由于这个现象是布朗先生首先发现的，所以后人称它为布朗运动。

布朗

布朗运动中的花粉，像醉鬼走路一般完全不规则。那么醉鬼是怎么行动的呢？美国著名物理学家G. 盖莫夫教授对此做了极为生动的描述：假定在某个广场的某个灯柱上靠着一个醉鬼，他突然打算走动一下，看他是怎么走的吧！他先是朝一个方向颠簸几步，然后又折转方向再颠簸几步，如此这般，每走几步就随意折一个方向。每次折转的方向都是事先无法加以预计的。

为了研究醉鬼的行动规律，盖莫夫教授假想广场上有一个以灯柱脚为原点的直角坐标系。醉鬼所走的第 $n$ 个分段在两轴上的投影分别为 $x_n$，$y_n$。于是，走 $n$ 段后醉鬼与灯柱的距离 $R$ 满足：$R_n^2 = (x_1 + x_2 + \cdots + x_n)^2 \cdot (y_1 + y_2 + \cdots + y_n)^2$。显然，醉鬼的走路是无规则的，他朝灯柱走和背灯柱走的可能性相等。因此，在 $X$ 的各个取值中正负参半。这样，在上式右端的第一项展开中，所有的两两乘积里，总可以找出大致数值相等、符号相反，可以互相抵消的一对数来。n 的数目越大，这种抵消越彻底。因此，对于很大的 n，我们有：$(x_1 + x_2 + \cdots + x_n)^2 \approx x_1^2 + x_2^2 + \cdots + x_n^2 = nx^2$。

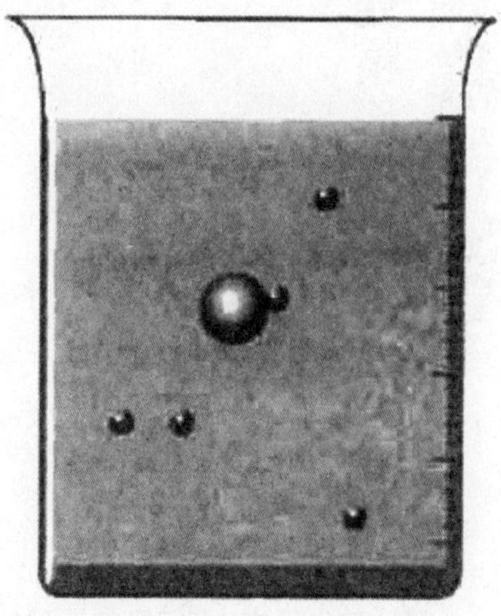

这里 $X$ 是醉鬼所走各段路程在 $x$ 轴上投影的均方根值对于 $Y$，我们也可以得出同样的结果，即 $(y_1 + y_2 + \cdots + y_n)^2 \approx y_1 + y_2^2 + \cdots + y_n^2 = ny^2$。



于是 $R_n^2 = \mathrm{n}(x^2 + y^2)$。

后式相当于醉鬼走每段路的平均路程长 d，代入可得 $\mathrm{R_n} \approx \mathrm{nd}$。

这就是说，醉鬼在走了许多段不规则的弯曲路程后，距灯柱最可能的距离为各段路程的平均长度乘以路段数的平方根。注意上面我们运用了统计规律，对某个醉鬼来说，他走 $n$ 段路，未必就距离灯柱 $nd$ 远。但如果有一大群醉鬼，互不干扰地从灯柱出发，颠颠簸簸地走各自的弯曲路，那么他们距灯柱的平均值就接近于 $nd$。人数越多，这种规律越精确。

通过对布朗运动的理论分析，可以看出大量的无序运动中同样也包含着相当精确的有规则的结果。

# 浅谈模糊数学

## 模糊变精确的秘密



在日常生活中，人们经常遇到的概念不外乎两类：一类是清晰的概念，对象是否属于这个概念是明确的。例如人、自然数、正方形等等，要么是人，要么不是人；要么是自然数，要么不是自然数；要么是正方形，要么不是正方形……而另一类概念对象从属的界限是模糊的，随判断人的思维而定。例如美不美、早不早、便宜不便宜，等等。

西施是我国古代公认的美女，有道是“情人眼里出西施”，这就是说在一些人看来未必那么美的人，在另一些人眼里却美得可以与西施相比。可见，“美”与“不美”是不存在一个精确的界限的。再说“早”与“不早”，清晨5点，对于为都市“梳妆打扮”的清洁工人来说可能算是迟了，但对大多数中小学生来说却是很早很早。至于便宜不便宜，那更是随人的感觉而异了。

在客观世界中，诸如上述的模糊概念要比清晰概念多得多。对于这类模糊现象，过去已有的数学模型难以适用，需要形成新的理论和方法，即在数学和模糊现象之间架起一座桥梁。它，就是我们要讲的“模糊数学”。

加速这座桥梁架设的是计算机科学的迅速发展。大家知道，人的大脑具有非凡的判别和处理模糊事物的能力。就拿一个孩子识别自己的母亲为例，即使这位母亲更换了新衣，改变了发式，她的孩子依然会从高矮、胖瘦、音容、姿态等特征迅速做出准确判断。如果这件事让计算机来干，那就非得把这位母亲的身高、体重、行走速度、外形曲线等等，全都计算到小数点后的十几位，然后才能着手判断。这样的“精确”实在是事与愿违，走到了事物的反面。说不定就因为这位母亲脸上一时长了一个小疖，该部位的平均高度比原来高了零点零几毫米，而使计算机做出“拒绝接受”的判断呢！难怪模糊数学的创始人、美国加利福尼亚大学教授、自控专家扎德说：“所面对的系统越复杂，人们对它进行有意义的精确化能力就越低。”

他生动地举了一个停车问题的例子。他说，要把汽车停在拥挤的停车场中两辆汽车中间的空地上，这对有经验的司机来说并非难事。但若用精确的方法求解，即使是一台大型电子计算机也不够用。

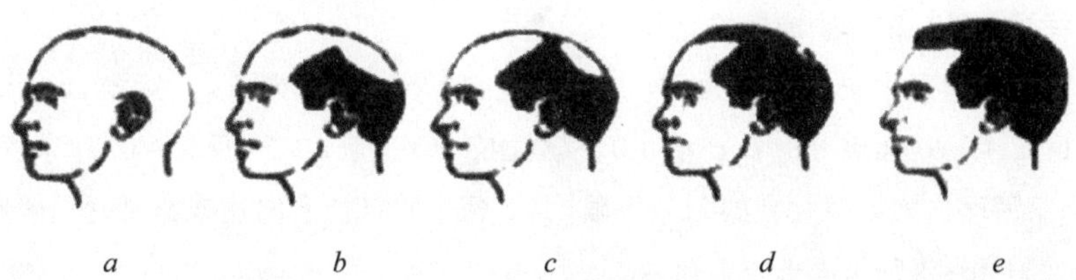


那么，要使计算机能够模仿人脑，对复杂系统进行识别和判断，出路在哪里呢？扎德教授主张从精度方面“后退”一步。他提出用隶属函数使模糊概念数学化。例如，“秃头”显然是一种模糊概念。上图中有五种头发的类型。$a$ 表示头发精光，自属标准“秃头”，隶属程度为 1；$b$ 表示典型的秃顶，所以“秃”的隶属程度可定为 0.8；$e$ 表

示乌黑的头发，根本与“秃”沾不上边，所以“秃”的隶属程度为0；$c$ 与 $d$ 的“秃”，比之 $a$、$b$ 不足，比之 $e$ 则有余，隶属程度可分别定为0.5和0.3。这样，“秃”这个模糊概念就可以用以下的方法定量地给出定义：[秃头] $=1/a+0.8/b+0.5/c+0.3/d+0/e$。

这里的“+”和“/”，不是通常的相加和相除，只是一种记号。“$1/a$”表明状态 $a$ 的隶属程度为“1”，“+”则表示各种情况的并列。

再来看看“年轻”和“年老”这两个模糊概念。扎德教授本人根据统计资料，拟合了这两个概念的隶属函数。在他的统计结果中，50岁以下的人不属于“年老”；而当年龄超过50岁时，随着岁数的增大，“年老”的隶属程度也越来越大；“人生七十古来稀”，70岁的人“年老”的隶属程度已达94%。同样，25岁以下的人“年轻”的隶属程度为100%；超过25岁，“年轻”的程度越来越小；40岁已是“人到中年”，“年轻”的隶属程度只有10%。



假如有朋友问你“你的数学老师年轻吗?”，而你的回答是“他的年轻隶属程度为25%”。这样的答案自然不会有错，但显然很别扭。为了使人产生一种确切的印象，我们可以固定一个百分数，例如40%，隶属程度大于或等于40%的都叫“年轻”，反之就叫“不年轻”。在这种前提下，你对你朋友的回答也就是肯定的了。你可以明白地告诉你的朋友，你的数学老师不年轻，因为这时“年轻”一词已从模糊概念转为明确的概念。当然，作为隶属程度分界线的那个固定百分数，应当是通过科学的分析，或者通过民意测验的统计来选取的。

再举中国古代史的分期为例。“奴隶社会”是个模糊概念。[奴隶社会] = 1/夏 + 1/商 + 0.9/西周 + 0.7/春秋 + 0.5/战国 + 0.4/秦 + 0.3/西汉 + 0.1/东汉。取0.5的隶属度作为奴隶社会的划分界限，那么属于奴隶社会的就该是夏、商、西周、春秋和战国，秦、汉则不属于奴隶社会。

在精确数学中，“非常”“很”“不”等词是很难用数量加以表述的。但在模糊数学中，却可以赋予它们定量化。例如，“很”表示隶属程度的平方，“不”则表示用1减去原隶属程度，等等。如30岁属于“年轻”的隶属程度为0.5，那么属于“很年轻”的隶属程度就只有 $0.52=0.25$，而“不很年轻”的隶属程度则为 $1-0.52=0.75$。

可见在对事物的模糊性进行定量刻画的时候，同样需要用到概率统计的手段和精密数学的方法。由此可见，“模糊数学”实际上并不模糊。

模糊数学的诞生，把数学的应用领域从清晰现象扩展到模糊现象，从而使数学闯进了许多过去难以到达的“禁区”。用模糊数学的模型来编制程序，让计算机模拟人脑的思维活动，已经在文字的识别、疾病的诊断、气象的预测、火箭的发射等方面获得成功，前景十分诱人。

# 善于观察 你也可以发现数学定理

很多人都有这种印象：数学是一门深奥的科学，除了在学校里、课本上可以念到外，在实际生活中很少看到它，而且在日常生活中，除了加减乘除外很少能用到它。



对于喜欢数学的人，他们在读到一些数学家的传记或者关于他们的发现时，往往会产生这样的想法：这些人真的很聪明，如果不是天才怎么会发现这些宝贵的定理或理论呢？

这些看法和印象并不完全正确。今天我想告诉你的就是如果有天才的话，你也是一个天才。只要你掌握了一些基础知识，懂得一些研究的方法，也可以做一点研究，也会有新发现，数学并不是只有数学家才能研究的。

人类靠着勤劳的双手创造了财富，数学也和其他科学一样产生于实践，可以说有生活的地方就有数学。

你看木匠要做一个椭圆的桌面，拿了两根钉子钉在木板上，然后用一根打结的绳子和粉笔，就可以在木板上画出一个漂亮的椭圆来。

如果你时常邮寄信件，在贴邮票时你会发现一个有趣的现象：任何大于7元的整数款项的邮费，都可以用面值3元和5元的邮票凑起来。这里就有数学。

如果你是整天拿着刀和铲在厨房里工作的厨子，表面看来数学似乎和你无缘,可是你有没有想到工作中也会出现数学问题?

比方说,做"麻婆豆腐"前,要把豆腐切成小块,如果你不想用手去动豆腐,而想一刀刀切下去把豆腐切出越多块越好。那么在最初一刀,你最多切出两块;第二刀,你切出四块;第三刀,你最多可以切出多少块呢?你切到第五刀,最多能切出多少块呢?这里不是有数学问题吗?你会惊奇地发现,有一个公式可以算出第 $n$ 刀切出的块数。

我们每天或多或少都会和钱打交道。你一定能注意到,任何一笔多于6元的整数款项都可以用2元纸币及5元纸币来支付。

不是吗?7元可以用一张2元和一张5元的纸币来支付,8元可以用四张2元纸币来支付,9元可以用两张2元纸币和一张5元纸币去支付。

如果钱数是偶数的话,只要用若干张2元去支付就行了;如果是奇数的话,只要先付一张5元纸币,剩下的偶数款项就可以用2元纸币了。这里,你已经在应用整数的性质了。

从这些例子可以看到,数学在日常生活中无处不在,如果你细心观察,还会发现你身边就有数学问题产生。

科学上的发现和发明——物理上的落体定律,化学上的合成胰岛素、发现链霉素,生物上的发现遗传规律,医学上的用针灸医治聋哑病患者——都是需要依靠实验和观察得来的。数学也不例外,许多发现也是通过观察得来的。

数学是研究一些数、形、集合、关系和运算的性质与变化规律的科学,人们是怎样知道这些性质和规律的呢?

欧拉

18世纪的大数学家欧拉(1707—1783)在他的那篇《纯数学的观察问题》的文章里写道:"许多我们知道的整数的性质是靠观察得来的,这发现早已被它的严格证明所证实。还有很多整数的性质我们是很熟悉的,可是我们还不能证明;只有观察能引导我们对它们有更进一步的认识。因此我们看到在数论——它还不是一个完整的理论中,我们可以寄厚望于观察:它能连续引导我们认识新的性质,然后再去尝试证明。那类靠观察而取得的知识还没有被证明,必须小心地和真理区别,像我们通常所说它是靠归纳所得的。不过单纯的归纳

会引起错误，因此要非常小心，不要把那一类我们先靠观察后由归纳得来的整数性质认为正确无误。事实上，我们要利用它发现机会，去研究它的性质，去证明它或反证它，这两方面我们都会学到有用的东西。”

欧拉是瑞士人，一生中的大部分时间在俄国和德国的科学院度过，对这两个国家特别是俄国的数学发展有很大的贡献。他是最多产的数学家，在有生之年出版和发表了五百多本书与文章，死后还留下二百多篇文章未发表，以及一大堆不太完整的手稿。

他的工作涉及的范围很广，单是数学就包含了当时数学领域差不多所有的分支，在物理、天文、水利等一些较为实用的科学领域也做出了许多贡献。

从 1909 年开始，瑞士自然科学联合会陆续出版他的全集，直到今天还没有出完。他留在圣彼得堡的一大堆手稿，因为数量太多、内容繁杂，还需要人们花许多时间和气力去整理。

欧拉为什么能有这么多发现呢？在那篇《纯数学的观察问题》的文章里，他已告诉你一个秘诀，那就是“依靠观察得来的”。欧拉自己就是一个善于观察的数学家。

# 第二章 数学实验室

数学是上帝描述自然的符号。

——[德]黑格尔

哪里有数，哪里就有美。所以说数学就是这样一种东西：她提醒你有无形的灵魂，她赋予她所发现的真理生命；她唤起心神，澄净智慧；她给我们的内心思想添辉；她涤尽我们有生以来的蒙昧和无知。

——[古希腊]普罗克洛斯

# 科学的受难 平面几何三大作图难题

在很多人心中，希腊是人类智慧和美丽的源泉。相传有一年，平静的爱琴海第罗斯岛上，降临了一场大瘟疫。几天时间内，岛上的许多人就被瘟疫夺去了生命，尸横遍野，惨不忍睹。幸存的人提心吊胆，惊恐万分，纷纷躲进神庙，祈求神灵保佑自己和家人。

人们的祈求和哀号声并没有感动上苍，相反，瘟疫仍在蔓延，死去的人越来越多。人们日夜匍匐在神庙的祭坛前，请求神灵饶恕他们的罪恶，请求神灵不要再惩罚他们。悲惨的现实使人们的心灵受到了极大的创伤，悲痛的泪水和焦急的汗水交织在一起，祭坛前面洇湿了一片。据说，神灵终于被人们的虔诚所感动，叫祭司传达了旨意："第罗斯人要想活命，必须将神庙中的祭坛加大一倍，并且不能改变祭坛的形状。"幸存者好像得到了救命的灵丹妙药，立即量好祭坛（长方体）的长、宽、高，连夜请工匠把祭坛加大了一倍。

人们好像完成了一项光荣的使命，焦急地等待着神灵的宽恕。然而，时间一天天过去了，瘟疫更加疯狂肆虐，人们再次陷入极度的痛苦与绝望之中。在祭坛前，人们说道："尊敬的神啊，请你饶恕第罗斯人吧，我们已经按照您的旨意将祭坛加大了一倍。"这时，祭司再次传达了神的旨意，他冷冷地说："你们没有满足神的要求，没有将祭坛加大一倍，而是加大了七倍，神灵将继续严惩你们！"聪明

的人们终于明白了其中的道理，他们的确将祭坛加大为原来的八倍。但是，如何在原来的基础上将祭坛加大一倍呢？第罗斯人经过长时间的思考仍无法解决，只好派人到雅典请教最著名的学者柏拉图。

拉斐尔的这幅《雅典学院》，以古代包括数学在内的七种自由艺术为基础，表现人类对智慧和真理的追求



柏拉图经过长时间的思考也无法解决，他搪塞说："由于第罗斯人不敬几何学，神灵非常不满，才降临了这场灾难。"

这个悲惨的故事其实是人们虚构的，但其中提到的数学问题却是平面几何三大作图难题之一的立方倍积问题，另外两个问题是"三等分角问题"以及"化圆为方的问题"。这看似简单的三大问题，却折磨了数学家两千多年。

古希腊的几何作图只准用没有刻度的直尺和圆规。任意平分一个角，用直尺和圆规是很容易的。可能有的人会认为，三等分角问题只是由二等分到三等分一个小小的变化，没有什么困难吧。古希腊每一个接触到这个问题的人都认为它简单，毫不犹豫地拿起了直尺和圆规，但时间一天天过去了，人们磨秃了无数支笔，却始终也没有画出符合题意的图形来。这个看似平淡无奇的几何问题，吸引了许许多多的数学家，从古希腊最伟大的数学家阿基米德到笛卡儿、牛顿，都纷纷拿起了直尺和圆规来检验自己的智力，结果他们都失败了。两千多年过去了，一代又一代数学家和数学爱好者为这个问题绞尽脑汁，却始终没有人能冲出这个迷宫。

无数次的失败使人们逐渐怀疑这个问题是否能够用直尺和圆规来解决。直到1837年，法国数学家凡齐尔首先从理论上证明了三等分任意角是无法用尺规完成的，最终使人们走出了这座迷宫。之后他又证明了只用尺规解决立方倍积问题也是不可能的。只是后者的证明较烦琐，不够清晰。后来，德国数学家克莱因给出了一个简单而又无懈可击的证明。

化圆为方的问题，首先是公元前5世纪古希腊数学家阿那克萨哥拉研究的。有一次，他对别人说："太阳并不是一尊神，而是像那样大的一个火球。"结果他获罪于亵渎神灵，被抓进了牢房。为了打发寂寞无聊的铁窗生活，他思考了这样的一个问题：怎样作出一个正方形，使它的面积与一个圆的面积相等？当然，他失败了。两千多年来，无数数学家也都失败了。

为什么他们都失败了呢？我们不妨来分析一下。设一个正方形的边长为$a$，一个圆的半径为$r$，要使其面积相等，即$a^2=\pi r^2$，得到$a=\sqrt{\pi}\times r$。首先要用尺规作出$\pi r$。要作$\pi r$，只要考虑$\pi$是否为有理数，是有理数就能作出$a$，不是有理数就不能。$\pi$不是有理数，这是由数学家林得曼于1882年首先证明的，从而确认了化圆为方是不能用尺规作图解决的。

至此，平面几何三大作图难题经过两千多年漫长的岁月、无数人的研究，终于可以告一段落了。

# 布丰投针试验
## 可以控制的概率

布丰

1777 年的一天，法国博物学家布丰（1707—1788）的家里宾客满堂，原来他们是应主人的邀请前来观看一次奇特试验的。

试验开始了。只见年已古稀的布丰先生兴致勃勃地拿出一张纸来，纸上预先画好了一条条等距离的平行线。接着他又抓出一大把事先准备好的小针，这些小针的长度都是平行线间距离的一半。然后布丰先生宣布："请诸位把这些小针一根一根往纸上扔吧！不过，请大家务必把扔下的针是否与纸上的平行线相交告诉我。"

客人们不知布丰先生要干什么，只好客随主便，一个个加入了试验的行列，一把小针扔完了，把它捡起来又扔。而布丰先生本人则不停地在一旁数着、记着。如此这般忙碌了将近一个小时，最后布丰先生高声宣布："先生们，我这里记录了诸位刚才的投针结果，共投针 2 212 次，其中与平行线相交的有 704 次。总数 2212 与相交数 704 的比值约为 3.142。"说到这里，布丰先生故意停顿了一下，并对大家报以神秘的一笑，接着有意提高声调说："先生们，这就是圆周率 π 的近似值！"

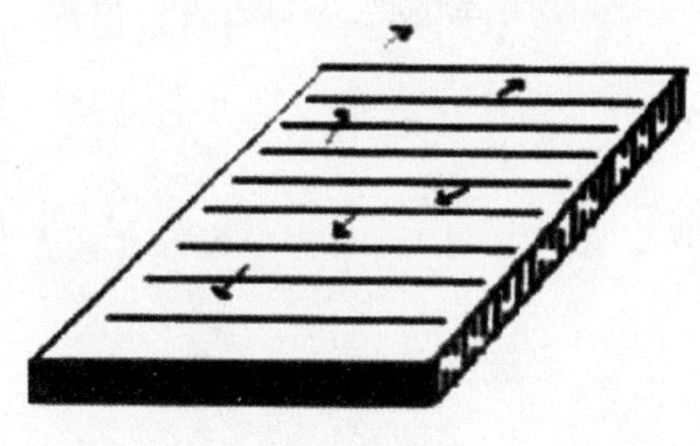

投针示意图

众宾客哗然，一时议论纷纷，个个感到莫名其妙："圆周率 π？这可是与圆半点儿也不沾边的呀！"

布丰先生似乎猜透了大家的心思，得意扬扬地解释道："诸位，这里用的是概率的原理，如果大家有耐心的话，再增加投针的次数，还能得到 π 的更精确的近似值。不过，要想弄清其中的道理，只好请大家去看敝人的新作了。"布丰先生扬了扬自己手上的《或然算术试验》。

π 在这种纷繁杂乱的场合出现，实在出乎人们的意料，然而它却是千真万确的事实。由于投针试验问题是布丰先生最先提出的，所以数学史上称它为布丰问题。布丰得出的一般结果是：如果纸上两平行线间相距为 $d$，小针长为 $l$，投针的次数为 n，所投的针当中与平行线相交的次数是 $m$，那么当 $n$ 相当大时有：$\pi\approx\frac{2ln}{dm}$。

在这个故事中，针长 $l$ 等于平行线距离 $d$ 的一半，所以代入上面公式简化得：$\pi\approx\frac{n}{m}$。

大家一定想知道布丰先生投针试验的原理，下面就是个简单巧妙的证明。

找一根铁丝弯成一个圆圈，使其直径恰好等于平行线间的距离 $d$。可以想象得到，对于这样的圆圈来说，不管怎么扔下都将和平行线有两个交点。因此，如果圆圈扔下的次数为 $n$ 次，那么相交的交点总数必为 $2n$。

现在设想把圆圈拉直，变成一条长为 $\pi d$ 的铁丝。显然，这样的铁丝扔下时与平行线相交的情形要比圆圈复杂些，可能有四个交点、三个交点、两个交点或一个交点，甚至不相交。

由于圆圈和直线的长度同为 $\pi d$，根据机会均等的原理，当它们投掷次数较多且相等时，两者与平行线交点的总数可能是一样的。这就是说，当长为 $\pi d$ 的铁丝扔下 $n$ 次时，与平行线相交的交点总数应大致为 $2n$。

现在再来讨论铁丝长为 $l$ 的情形。当投掷次数 $n$ 增大的时候，这种铁丝跟平行

线相交的交点总数 $m$ 应当与长度 $l$ 成正比,因而有 $m=kl$ ,式中 $k$ 是比例系数。

为了求出 $k$ 来,只需注意到,对于 $l=\pi d$ 的特殊情形,有 $m=2n$。于是求得 $k=\frac{2n}{\pi d}$。代入前式就有 $m=\frac{2ln}{\pi d}$,从而 $\pi\approx\frac{2ln}{dm}$。这便是著名的布丰公式。

利用布丰公式,还可以设计出求 2、3、5 等数的近似值的投针试验,大家不妨一试。

# 七桥问题

## 『一笔画』趣题的原型

俄罗斯海滨城市加里宁格勒旧称哥尼斯堡，是一座历史名城。哥城景致迷人，碧波荡漾的普雷格尔河横贯其境。在河的中心有一座美丽的小岛，普雷格尔河的两条支流环绕其旁汇成大河，把全城分为图一所示的四个区域：岛区 A、东区 B、南区 C 和北区 D。有七座桥横跨普雷格尔河及其支流，其中五座把河岸和河心岛连接起来。这一别致的桥群，古往今来吸引了众多的游人来此观光游览！

早在 18 世纪以前，当地的居民便热衷于以下有趣的问题：能不能设计一次散步，使得七座桥中的每一座都走过一次，而且只走过一次。这便是著名的哥尼斯堡七桥问题。

大家如果有兴趣，可以照样子画一张地图，亲自尝试一下。不过，要告诉大家的是：

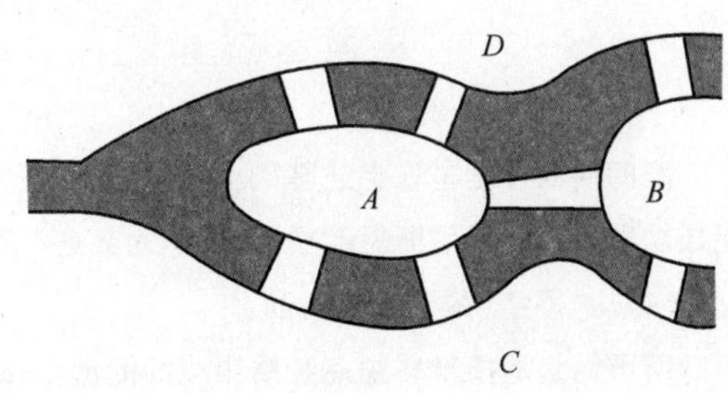


图一

想把所有的可能路线都试过一遍是极为困难的，因为各种可能的路线不下于5000种，要想一一试过，谈何容易！

哥尼斯堡七桥问题竟然引起了天才的数学家欧拉（1707—1783）的兴趣。1736年，29岁的欧拉向圣彼得堡科学院递交了一份题为"哥尼斯堡的七座桥"的论文，论文的开头是这样写的："讨论长短大小的几何学分支，一直被人们热心地研究着，但是还有一个至今几乎完全没有探索过的分支。莱布尼茨最先提起它，称之为'位置几何学'。这个几何学分支只讨论与位置有关的关系，研究位置的性质，它不去考虑长短大小，也不牵涉到量的计算，但是至今未有过令人满意的定义，来刻画这门位置几何学的课题和方法……"

接着，欧拉运用他那娴熟的变换技巧，如同下图，把哥尼斯堡七桥问题变为读者所熟悉的简单的几何图形的"一笔画"问题，即能否笔不离纸，一笔画但又不重复地画完以下的图形。

读者不难发现：图二中的点 $A$、$B$、$C$、$D$，相当于七桥问题中的四块区域；而图三中的弧线和直线则相当于连接各区域的桥。



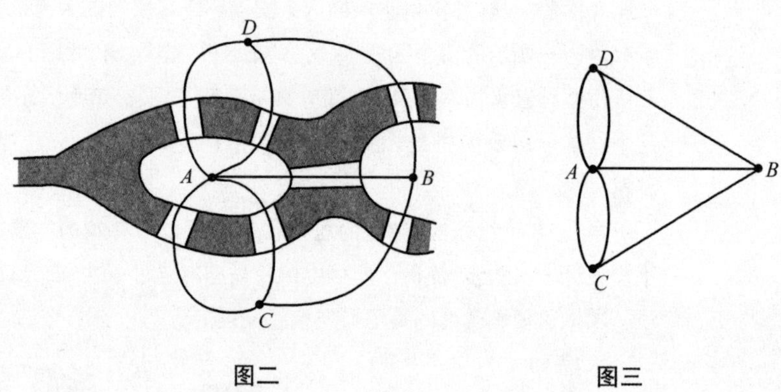


图二　　图三

聪明的欧拉正是在上述基础上，经过潜心研究，确立了著名的"一笔画原理"，从而成功地解决了哥尼斯堡七桥问题，认为其是不可能的。不过，要弄清欧拉的特有思路，还得从"网络"的连通性讲起。

所谓网络是指某些由点和线组成的图形，网络中的弧线都有两个端点，而且互不相交。如果一个网络中的任意两点，都可以找到网络中的某条弧线，把它们连接起来，那么，这样的网络就称为连通的。连通的网络简称脉络。

加里宁格勒(旧称哥尼斯堡)俯瞰图



显然,前面的三幅图中,图一不是网络,因为它仅有的一条弧线只有一个端点;图二也不是网络,因为它中间的两条弧线相交,而交点却非顶点;图三虽是网络,但却不是连通的。而七桥问题的图形,则不仅是网络,而且是脉络!网络的点如果有奇数条的弧线交会于它,这样的点称为奇点;反之,称为偶点。欧拉注意到,对于一个可以"一笔画"画出的网络,首先必须是连通的;其次,对于网络中的某个点,如果不是起笔点或停笔点,那么,交会于这样点的弧线必定成双成对,即这样的点必定是偶点!

上述分析表明:网络中的奇点,只能作为起笔点或停笔点。然而,一个可以"一笔画"画成的图形,其起笔点与停笔点的个数,要么为0,要么为2。于是,欧拉得出了以下著名的"一笔画原理":"网络能'一笔画'画成必须是连通的,而且奇点个数或为0,或为2。当奇点个数为0时,全部弧线可以排成闭路。"而七桥问题的奇点个数为4,因而要找到一条经过七座桥但每座桥只走一次的路线是不可能的!

下面是一个小游戏。楼顶上的水箱坏了,修理工要从底楼走到屋顶去修。他该怎么走呢?

需要顺便提到的是：既然可由"一笔画"画成的路线的奇点个数应不多于两个，那么两笔画或多笔画能够画成的网络的奇点个数应有怎样的限制呢？聪明的你完全能回答这个问题。倒是反过来的提问需要认真思考一番：若一个连通网络的奇点个数为 0 或 2，是不是一定可以用"一笔画"画成？结论是肯定的！并且有："含有 $2n\,(n>0)$ 个奇点的网络，需要'$n$ 笔画'画成。"

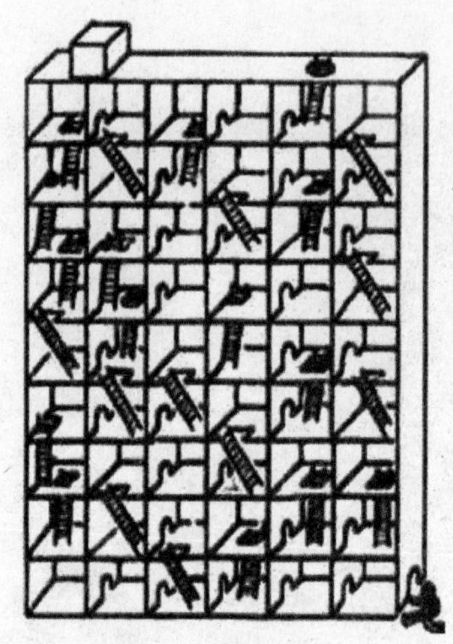
修理工的行走路线

# 四色问题

## 地图着色的尝试

让我们来做这样一个实验:给地图着色。在我国的地图上,给每个省、直辖市涂上一种颜色,要求相邻的省或直辖市有不同的颜色,最少需要几种颜色就足够了?答案是四种!再让我们来看看在世界地图上,用不同的颜色区分开相邻的国家,最少用几种颜色就足够了?答案还是四种。



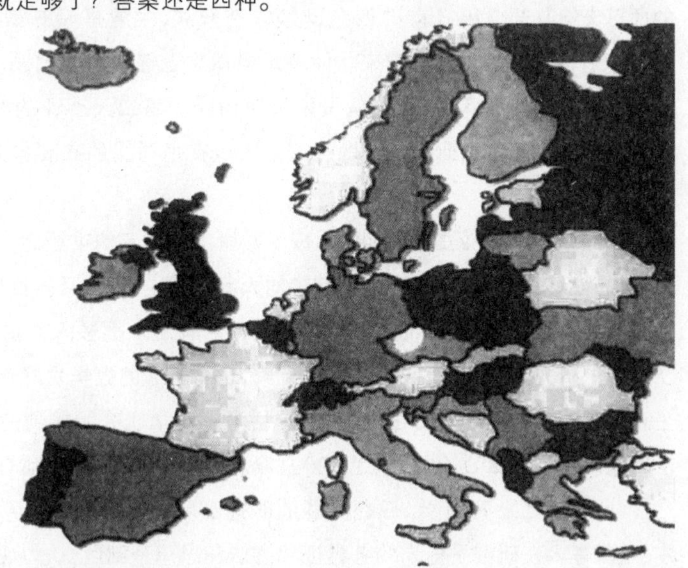

我们做的给地图着色的实验，一百多年前就已经有人做过了。大约在 1852 年，毕业于英国伦敦大学的格思里偶然发现，要区分英国地图上的州，有四种颜色就够了。他把这个发现告诉了弟弟，哥儿俩又进行了大量这方面的实验，发现有些地图用三种颜色，有些地图用四种颜色，但最多用四种颜色足以把共同边界的两个国家（或地区）区分开，即把相邻的国家涂上不同的颜色。格思里相信这个发现是正确的，但他证明不了，于是去请教他的老师。他的老师也不能证明这个问题。后来在 1878 年，当时英国的数学权威凯利在伦敦数学学会上正式提出了这个问题。这个问题被称为四色问题。

四色问题提出以后，成为世界数学界关注的问题，不断有人声称自己已经解决了四色问题，但都被人找出了证明过程中的错误。四色问题的影响越来越大，更多的人热衷于这个问题。这期间有人证明了“五色定理”，即给地图着色，用五种颜色就可以把相邻的国家（或地区）区分开，但四色问题仍没有人能够解决。



著名的大数学家闵可夫斯基在四色问题上还闹出过一个笑话呢。一次，闵可夫斯基的学生跟闵可夫斯基提及四色问题，一向谦恭的闵可夫斯基却口出狂言：“四色问题没有解决，主要是没有第一流的数学家研究它。”说着便在黑板上写了起来。他竟想在课堂上证明四色问题。下课铃响了，尽管黑板上写得密密麻麻，但他还是没能解决问题。第二天上课的时候，正赶上狂风大作，雷电交加，闵可夫斯基诙谐地说：“老天也在惩罚我的狂妄自大，四色问题我解决不了。”

从这以后，四色问题更出名了，成了数学上最著名的难题之一。由于问题本身的简单、易懂，使几乎每个知道这个问题的人都想解决它，并且一旦接触这个问题，就有点儿欲罢不能的感觉（当时有人称之为“四色病”）。很多人为这个问题的解决献出了毕生的精力，其中既有数学方面的专家，也有普通的数学爱好者。我们国内也有许多人为解决这个问题努力过，当时中国科学院数学研究所接到的声称自己已经解决了四色问题的文章，放在一起足有好几麻袋，可惜他们的证明都有错误。

到了 20 世纪 70 年代，四色问题的研究出现了转机。美国伊利诺伊大学的阿佩尔、哈肯等人在研究了前人的各种证明方法和思想基础后，认为现在数学家手里掌握的技巧，还不足以产生一个非计算机的证明。从 1972 年起，他们在前人研究的基础上，开始了计算机证明的研究工作。他们终于在1976年彻底解决了四色问题，整个证明过程在计算机上花费了1200多个小时。

四色问题虽然解决了，但数学家心中多少还留有一点儿遗憾。用电子计算机解决四色问题，没有创造出数学家们所期望的新方法和新思想。数学家们还在期待着不借助任何工具，只依靠人本身智慧的“手工证明”。

看到这里，你们对四色问题的手工证明有兴趣吗？如果谁有兴趣，可千万要记住，先得好好学习，掌握足够的相关知识。用锤子和斧头这样的简单工具是造不出航天飞机的！

# 角谷猜想 着了魔的数字



“角谷猜想”又称“冰雹猜想”。它首先流传于美国，不久便传到欧洲，后来一位名叫角谷的日本人又把它带到亚洲，因而人们就顺势把它叫作“角谷猜想”。其实，叫它“冰雹猜想”更形象，也更恰当。

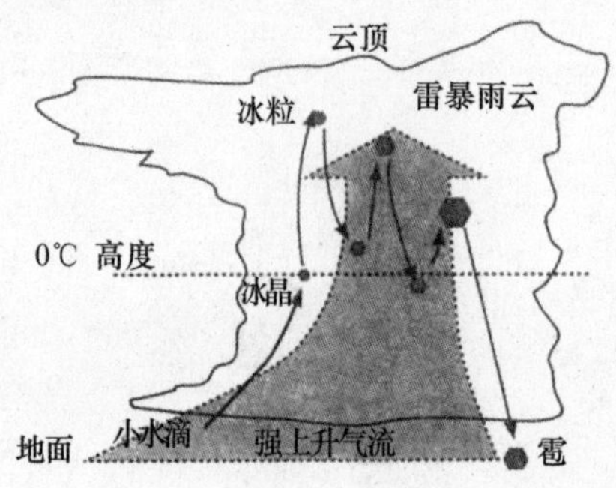


为什么叫它“冰雹猜想”呢？顾名思义，这首先要从自然现象——冰雹的形成谈起。

大家知道，小水滴在高空中受到上升气流的推动，在云层中忽上忽下、越积越大并形成冰，最后突然落下来，变成冰雹。

“冰雹猜想”就有这样的意思，它算来算去，数字上上下下，最后一下子像冰雹似的掉下来，变成一个数字“1”。

这个数学猜想的通俗说法是这样的：

任意给一个自然数 $N$，如果它是偶数，就将它除以 2；如果是奇数，那就乘上 3 后再加上 1；将每次所得的结果照上面的方法进行运算。这样经过若干次计算后，无论最初选取的是什么数，得到的结果总是1。让我们以“7”为例：

$N=7,7 \to 7\times3+1=22 \to 22\div2=11 \to 11\times3+1=34 \to 34\div2=17 \to 17\times3+1=52 \to 52\div2=26 \to 26\div2=13 \to 13\times3+1=40 \to 40\div2=20 \to 20\div2=10 \to 10\div2=5 \to 5\times3+1=16 \to 16\div2=8 \to 8\div2=4 \to 4\div2=2 \to 2\div2=1$。

对这个猜想，你不妨任意挑几个数来试一试。

若 $N=9$，则 $9\times3+1=28,28\div2=14,14\div2=7,7\times3+1=22,22\div2=11,11\times3+1=34,34\div2=17,17\times3+1=52,52\div2=26,26\div2=13,13\times3+1=40,40\div2=20,20\div2=10,10\div2=5,5\times3+1=16,16\div2=8,8\div2=4,4\div2=2,2\div2=1$。

你看，经过19个回合（这叫“路径长度”），最后变成了“1”。

若 $N=120$，则 $120\div2=60,60\div2=30,30\div2=15,15\times3+1=46,46\div2=23,23\times3+1=70,70\div2=35,35\times3+1=106,106\div2=53,53\times3+1=160,160\div2=80,80\div2=40,40\div2=20,20\div2=10,10\div2=5,5\times3+1=16,16\div2=8,8\div2=4,4\div2=2,2\div2=1$。

你看，经过20个回合，最后也仍然变成了“1”。



有一点更值得注意，假如 $N$ 是2的正整数方幂，则不论这个数字多么庞大，它将“一落千丈”，很快地跌落到1。例如：

$N=65536=2^{16}$

则有：$65536\to32768\to16384\to8192\to4096\to2048\to1\,024\to512\to256\to128\to64\to32\to16\to8\to4\to2\to1$。

你看，它的路径长度为16，比9的路径长度还要小些。

我们说“1”是变化的最终结果，其实不过是一种方便的说法。严格地讲，应当是它最后进入了“1→4→2→1”的循环圈。

这一结果如此奇异，是令人难以置信的。曾经有人拿各种各样的数字来试，但迄今为止，总是发现它们最后都无一例外地进入“1→4→2→1”这个死循环。

由于数学这门科学的特点，尽管有了如此众多的实例，甚至再试验下去，达到更大的数目，但我们仍不能认为“角谷猜想”已经获得证明，所以还只能称它为一个猜想。可想而知，要证明它或推翻它，都是很不容易的，要设法说出它的实质，也似乎是难上加难。

不仅如此，对于“角谷猜想”，人们在研究过程中或做出了改动，或进行了推广，得出的结果同样富有奇趣。比如，对于“角谷猜想”若做如下更改：

任给一个自然数，若它是偶数，则将它除以 2；若它是奇数，则将它乘以 3 再减 1。如此下去，经过有限次步骤运算后，它的结果必然毫无例外地进入以下三个死循环：

① 1→2→1；

② 5→14→7→20→10→5；

③ 17→50→25→74→37→110→55→164→82→41→122→61→182→91→272→136→68→34→17。

你能对它们做出证明吗？更进一步，你能做出新的发现，为数学这个万花园增添新的奇光异彩吗？

# 斐波纳奇数列

## 植物中的神秘规律



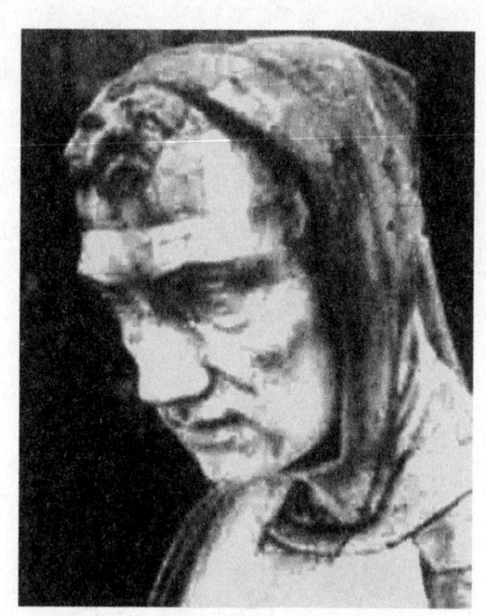
斐波纳奇头像

扑克牌上的“梅花”并非梅花，甚至不是花，而是三叶草。在西方文化中，三叶草是一种很有象征意义的植物，据说第一叶代表希望，第二叶代表信心，第三叶代表爱情，如果找到了四叶的三叶草就会交上好运，找到幸福。在野外寻找四叶的三叶草是西方儿童的一种游戏，不过很难找到，据估计，每一万株三叶草，才会出现一株四叶的突变型。

在中国，梅花有着类似的象征意义。民间传说梅花五瓣代表着五福。中华民国时期，把梅花定为国花，声称梅花五瓣象征“五族共和”，具有敦五伦、重五常、敷五教的意义。但是梅花有五枚花瓣并非独特，事实上，花最常见的花瓣数目就是五枚。例如与梅同属蔷薇科的其他物种，像桃花、李花、樱花、杏花、苹果花、梨花等等

就都有五枚花瓣。常见的花瓣数还有:3 枚,鸢尾花、百合花(看上去6 枚,实际上另3 枚是花萼);8 枚,波斯菊;13 枚,瓜叶菊;向日葵的花瓣有的是 21 枚,有的是 34 枚;雏菊的花瓣是34、55 或 89 枚。而其他数目花瓣的花则很少。为什么花瓣数目不是随机分布的? 3,5,8,13,21,34,55,89,…这些数目有什么特殊意义吗?

有的,它们是斐波纳奇数列。斐波纳奇是中世纪意大利数学家,他不是在数花瓣数目,而是在解一道关于兔子繁殖的问题时得出了这个数列。假定你有一雄一雌一对刚出生的兔子,它们在长到一个月大小时开始交配;在第二个月结束时,雌兔子产下另一对兔子;又过了一个月后它们也开始繁殖。如此这般持续下去,每只雌兔在开始繁殖时每月都产下一对兔子。假定没有兔子死亡,一年后总共会有多少对兔子?

在 1 月底,最初的一对兔子交配,但是还只有 1 对兔子;在 2 月底,雌兔产下一对兔子,共有 2 对兔子;在 3 月底,最老的雌兔产下第二对兔子,共有 3 对兔子;在 4 月底,最老的雌兔产下第三对兔子,两个月前生的雌兔产下一对兔子,共有 5 对兔子……如此这般计算下去,兔子对数分别是:1,1,2,3,5,8,13,21,34,55,89,144,…看出规律了吗? 从第 3 个数字开始,每个数字都是前面两个数字之和。

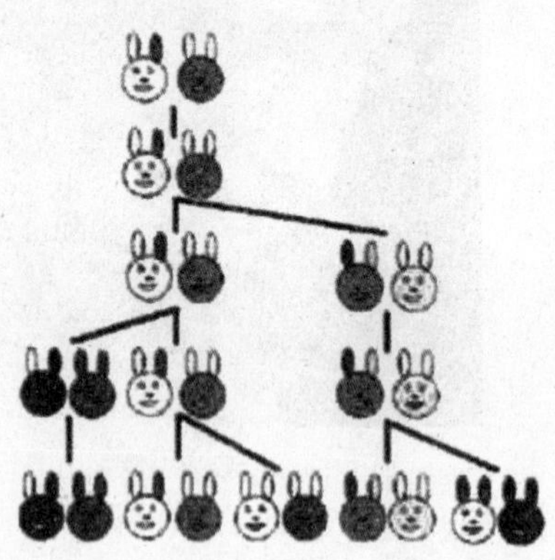

植物似乎对斐波纳奇数列着了迷。不仅花,还有叶、枝条、果实、种子等等形态特征,都可发现斐波纳奇数列。叶序是指叶子在茎上的排列方式,最常见的是互生叶序,即在每个节上只生一叶,交互而生。任意取一个叶子作为起点,向上用线连接各个叶子的着生点,可以发现这是一条螺旋线,盘旋而上,直到上方另一片叶子的着生点恰好与起点叶的着生点重合,作为终点。

从起点叶到终点叶之间的螺旋线绕茎周数，称为叶序周。不同种植物的叶序周可能不同，之间的叶数也可能不同。例如，榆，叶序周为1(即绕茎1周)，有2叶；桑，叶序周为1，有3叶；桃，叶序周为2，有5叶；梨，叶序周为3，有8叶；杏，叶序周为5，有13叶；松，叶序周为8，有21叶……用公式表示(绕茎的周数为分子，叶数为分母)，分别为1/2，1/3，2/5，3/8，5/13，8/21，…这些是最常见的叶序公式，据估计大约有90%的植物属于这类叶序，而它们全都是由斐波纳奇数列组成的。

如果仔细观察向日葵的花盘，会发现其种子排列组成了两组相嵌在一起的螺旋线，一组是顺时针方向，一组是逆时针方向。再数数这些螺旋线的数目，虽然不同品种的向日葵会有所不同，但是这两组螺旋线的数目一般是34和55、55和89或89和144，其中前一个数字是顺时针线数，后一个数字是逆时针线数，而每组数字都是斐波纳奇数列中相邻的两个数。再看看菠萝、松塔上的鳞片排列，虽然不像向日葵花盘那么复杂，但也存在类似的两组螺旋线，其数目通常是8和13。有时候这种螺旋线不是那么明显，需要仔细观察才会注意到，例如花菜。如果你拿一颗花菜认真研究一下，会发现花菜上的小花排列也形成了两组螺旋线。再数数螺旋线的数目，是不是也是相邻的两个斐波纳奇数列，例如顺时针5条，逆时针8条？掰下一朵小花下来再仔细

观察，它实际上是由更小的小花组成的，而且也排列成了两条螺旋线，其数目也是相邻的两个斐波纳奇数列。

为什么植物如此偏爱斐波纳奇数列？这和另一个更古老的早在古希腊就被人们注意到甚至去崇拜的另外一个“神秘”数字有关。假定有一个数 $\phi$，它有如下有趣的数学关系：

$\phi2-\phi1-\phi0=0$ 即：$\phi2-\phi-1=0$

解这个方程，有两个解：$(1+\sqrt{5})/2=1.6180339887\cdots$ 和 $(1-\sqrt{5})/2=-0.6180339887\cdots$

注意：这两个数的小数部分是完全相同的。正数解（1.6180339887…）被称为黄金数或黄金比率，通常用 $\phi$ 表示。这是一个无理数（小数无限不循环，没法用分数来表示），而且是最无理的无理数。同样是无理数，圆周率 $\pi$ 用 22/7，自然常数 $e$ 用 19/7，$\sqrt{2}$ 用 7/5 就可以很精确地近似表示出来，而 $\phi$ 则不可能用分母为个位数的分数做精确的有理近似。

黄金数有一些奇妙的数学性质。它的倒数恰好等于它的小数部分，也即 $1/\phi=\phi-1$，有时这个倒数也被称为黄金数、黄金比率。如果把一条直线 $AB$ 用 $C$ 点分割，让 $AB/AC=AC/CB$，那么这个比等于黄金数，$C$ 点被称为黄金分割点。如果一个等腰三角形的顶角是 36°，那么它的高与底线的比等于黄金数，这样的三角形称为黄金三角形。如果一个矩形的长宽比是黄金数,那么从这个矩形切割掉一个边长为其宽的正方形,剩下的小矩形的长宽比还是黄金数。这样的矩形称为黄金矩形。它可以用上述的方法无限切割下去,得到一个个越来越小的黄金矩形;而如果把这些黄金矩形的对角用弧线连接起来,则形成了一个对数曲线。常见的报纸、杂志、书、纸张、身份证、信用卡的形状都接近于黄金矩形,据说这种形状让人看上去感到很舒服。的确,在我们的生活中,黄金数无处不在,建筑、艺术品、日常用品在设计上都喜欢用到它,因为它让我们感到美与和谐。

那么黄金数究竟和斐波纳奇数列有什么关系呢?根据上面的方程:$\phi 2-\phi-1=0$,可得:

$\phi=1+1/\phi=1+1/(1+1/\phi)=\cdots=1+1/(1+1/(1+1/(1+\cdots)))$

根据上面的公式,你可以用计算器如此计算$\phi$:输入1,取倒数,加1,和取倒数,加1,和取倒数……你会发现总和越来越接近$\phi$。让我们用分数和小数来表示上面的逼近步骤:

$\phi\approx 1$

$\phi\approx 1+1/1=2/1=2$

$\phi\approx 1+1/(1+1/1)=3/2=1.5$

$\phi\approx 1+1/(1+1/(1+1))=5/3=1.666667$

$\phi\approx 1+1/(1+1/(1+(1+1)))=8/5=1.6$

$\phi\approx 1+1/(1+1/(1+(1+(1+1))))=13/8=1.625$

$\phi\approx 1+1/(1+1/(1+(1+(1+(1+1)))))=21/13=1.615385$

$\phi\approx 1+1/(1+1/(1+(1+(1+(1+(1+1))))))=34/21=1.619048$

$\phi\approx 1+1/(1+1/(1+(1+(1+(1+(1+(1+1)))))))=55/34=1.617647$

$\phi\approx 1+1/(1+1/(1+(1+(1+(1+(1+(1+(1+1))))))))$

$=89/55=1.618182\cdots$

发现了没有?以上分数的分子、分母都在斐波纳奇数列中相邻。原来斐波纳奇数列相邻两个数的比近似等于$\phi$,数目越大,则越接近,当无穷大时,其比就等于$\phi$。斐波纳奇数列与黄金数是密切联系在一起的。植物喜爱斐波纳奇数列,实际上是喜爱黄金数。这是为什么呢?莫非冥冥之中有什么安排,是上帝想让世界充满了美与和谐?

植物的枝条、叶子和花瓣有相同的起源,都是从茎尖的分生组织依次出芽,分化而来的。新芽生长的方向与前面一个芽的方向不同,旋转了一个固定的角

度。如果要充分地利用生长空间,新芽的生长方向应该与旧芽离得尽可能远。那么这个最佳角度是多少呢?我们可以把这个角度写成 $360° \times n$,其中 $0 < n < 1$。由于左右各有一个角度是一样的(只是旋转的方向不同),例如 $n = 0.4$ 和 $n = 0.6$ 实际上结果相同,所以我们只需考虑 $0.5 \leqslant n < 1$ 的情况。如果新芽要与前一个旧芽离得尽量远,应长到其对侧,即 $n = 0.5 = 1/2$,但是这样的话第二个新芽与旧芽同方向,第三个新芽与第一个新芽同方向……也就是说,仅绕一周就出现了重叠,而且总共只有两个生长方向,中间的空间都浪费了。如果 $n = 0.6 = 3/5$ 呢?绕三周就出现重叠,而且总共也只有五个方向。事实上,如果 $n$ 是个真分数 $p/q$,则意味着绕 $p$ 周就出现重叠,共有 $q$ 个生长方向。

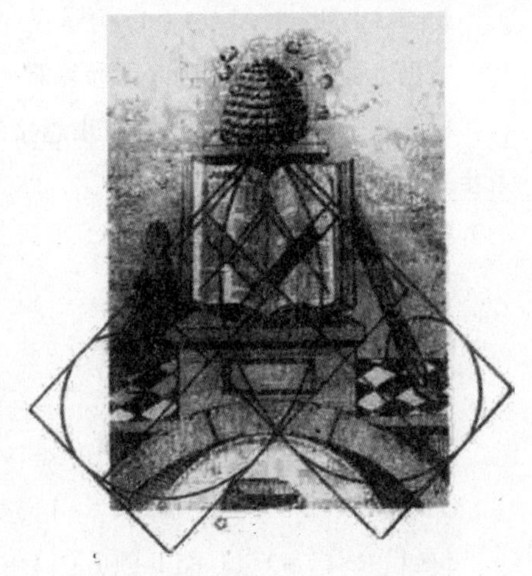

显然,如果 $n$ 是没法用分数表示的无理数,就会"有理"得多。选什么样的无理数呢?圆周率 $\pi$、自然常数 $e$ 和 $\sqrt{2}$ 都不是很好的选择,因为它们的小数部分分别与 1/7、5/7 和 2/5 非常接近,也就是分别绕 1、5 和 2 周就出现重叠,分别总共只有 7、7 和 5 个方向。所以结论是,越是无理的无理数越好,越"有理"。我们在前面已经提到,最无理的无理数,就是黄金数 $\phi \approx 1.618$。也就是说,$n$ 的最佳值 $\approx 0.618$,即新芽的最佳旋转角度大约是 $360° \times 0.618 \approx 222.5°$ 或 $137.5°$。



前面已提到,最常见的叶序为 1/2,1/3,2/5,3/8,5/13 和 8/21,表示的是相邻两叶所成的角度(称为开度),如果我们要把它们换算成 $n$(表示每片叶子最多绕多少周),只需用 1 减去开度,为1/2,2/3,3/5,5/8,8/13,13/21。它们是斐波纳奇数列相邻两个数的比值,不同程度地逼近 $1/\phi$。在这种情形下,植物的芽可以有最多的生长方向,占有尽可能多的空间。对叶子来说,意味着尽可能多地获取阳光进行光合作用,或承接尽可能多的雨水灌溉根部;对花来说,意味着尽可能地展示自己,吸引昆虫来传粉;而对种子来说,则意味着尽可能密集地排列起来。这一切,对植物的生长、繁殖都是大有好处的。可见,植物之所以偏爱斐波纳奇数列,乃是在适者生存的自然选择作用下进化的结果,并不神秘。

# 黄金矩形

## 视觉构图的黄金律



黄金矩形是一种非常美丽和令人兴奋的数学对象，其拓展远远超出了数学的范围，可见于艺术、建筑、自然界，甚至广告，它的普及并非偶然。心理学测试表明，在矩形中黄金矩形最为赏心悦目。

公元前 5 世纪的古希腊建筑师已经晓得这种协调性的影响。帕提侬神庙就是应用黄金矩形的一个早期建筑的例子。那时的

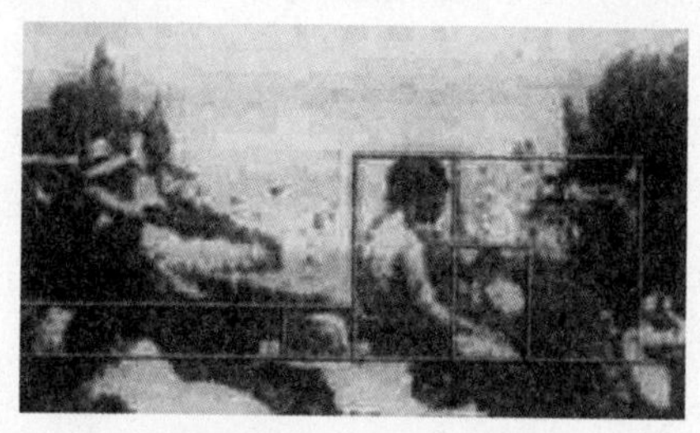

古希腊人已经具有黄金均值及如何求它的知识，还知道如何近似于它以及如何用它来构造黄金矩形。黄金均值 $\phi$ 的读音，来自古希腊著名雕塑家菲狄亚斯的名字 Phidias。相信菲狄亚斯在他的作品中用了黄金均值和黄金矩形。既然毕达哥拉斯所处的那个社会能够选择五角星作为等级的一种记号，那么用 $\phi$ 表示黄金均值也

就不难。

除了影响建筑之外，黄金矩形还出现在艺术中。1509 年 L. 帕西欧里的《神奇的比例》一书中说，达·芬奇为人体结构中的黄金均值做了图解。黄金均值用在艺术上是以生动的对称技巧为标志的。A. 丢勒、G. 西雷特、P. 曼诸利安、达·芬奇、S. 达利、G. 贝娄等人，都在他们的一些作品中用黄金矩形去创造富有生气的对称。

除了出现在艺术、建筑和自然界中，黄金矩形还在广告和商业等方面派得上用场。许多包装采用其形状便更能迎合公众的审美观点，标准的信用卡就近似于一个黄金矩形。试着观察一下我们生活中随处可见的物品，有多少比例都是符合黄金律的呢？这说明生活中处处存在着美的奥秘！



黄金矩形可以用“黄金分割”的方法来获得，这是古希腊人发明的公式，应用起来很简单。这个公式可以用一个正方形来推导，把正方形底边分成两等份，取中间点 $x$，以 $x$ 为圆心、线段 $xy$ 为半径画圆，其与底边的直线交点为 $z$ 点，这样就将正方形扩展为一个5∶8的矩形。

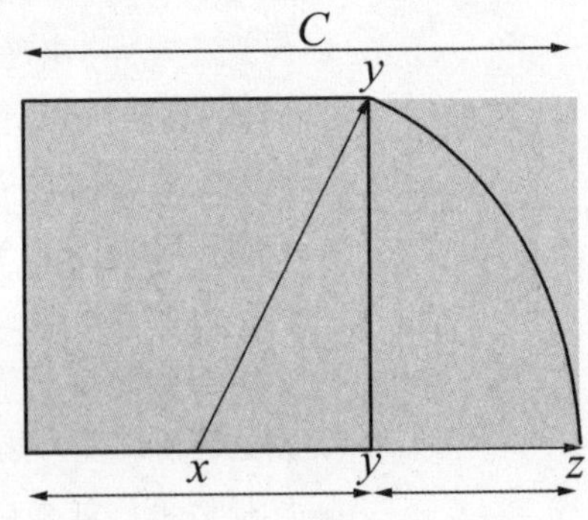

黄金分割示意图

知道了如何获得完美的矩形就可以在实际生活中运用了，你会发现这种分割方法真的十分完美呢！

# 幻方拾趣

## 不可思议的数字游戏

相传在大禹治水的年代里，陕西的洛水常常大肆泛滥。洪水冲毁房舍，吞没田园，给两岸人民带来巨大的灾难。于是，每当洪水泛滥的季节来临之前，人们都抬着猪羊去河边祭河神。每一次，等人们摆好祭品，河中就会爬出一只大乌龟来，慢吞吞地绕着祭品转一圈。大乌龟走后，河水又照样泛滥起来。

后来，人们开始留心观察这只大乌龟。发现乌龟壳有九大块，横着数是三行，竖着数是三列，每一块乌龟壳上都有几个小点点，正好凑成从 1 ~9 的数字。可是，谁也弄不懂这些小点点究竟是什么意思。

有一年，这只大乌龟又爬上岸来。忽然，一个看热闹的小孩惊奇地叫了起来："多有趣啊，这些小点点不论是横着加、竖着加，还是斜着加，算出的结果都是 15！"人们想，河神大概是每样祭品都要 15 份吧，赶紧抬来 15 头猪和 15 头牛献给河神……果然，河水从此再也不泛滥了。

这个神奇的故事在我国流传极广，甚至写进许多古代数学家的著作里。乌龟壳上的这些点点，后来被称作是"洛书"。一些人把它吹得神乎其神，说它揭示了数学的奥秘，甚至说因为有了"洛书"才开始出现了数学。

撇开这些迷信色彩不谈，"洛书"确实有它迷人的地方。普普

通通的九个自然数，经过一番巧妙的排列，就把它们每三个数相加和是 15 的八个算式，全都包含在一个图案之中，真是不可思议。

| | | |
|---|---|---|
| 4 | 9 | 2 |
| 3 | 5 | 7 |
| 8 | 1 | 6 |

在数学上，像这样一些具有奇妙性质的图案叫作“幻方”。“洛书”有三行三列，所以叫三阶幻方。它也是世界上最古老的一个幻方。

| | | | | |
|---|---|---|---|---|
| | | 1 | | |
| | 4 | | 2 | |
| 7 | | 5 | | 3 |
| | 8 | | 6 | |
| | | 9 | | |

| | | | | |
|---|---|---|---|---|
| | | 9 | | |
| | 4 | | 2 | |
| 3 | | 5 | | 7 |
| | 8 | | 6 | |
| | | 1 | | |



构造三阶幻方有一个很简单的方法。首先，把前九个自然数按规定的样子摆好。接下来，只要把方框外边的四个数分别写进它对面的空格里就行了。根据同样的方法，还可以造出一个五阶幻方来，但却造不出一个四阶幻方。实际上，构造幻方并没有一个统一的方法，主要依靠人的聪明智慧，正因为如此，幻方赢得了无数人的喜爱。

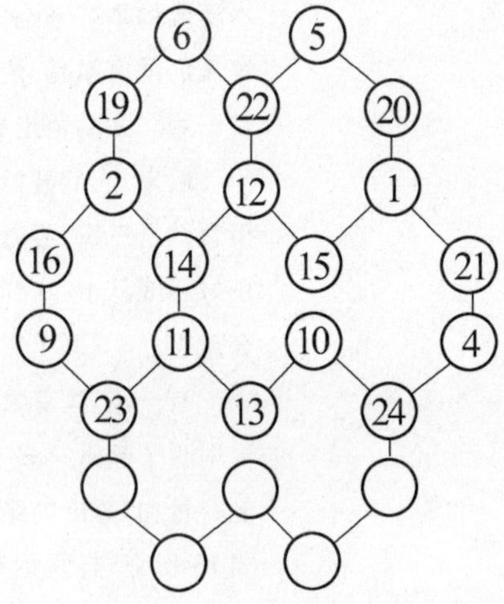


历史上，最先把幻方作为数学问题来研究的人，是我国宋朝的著名数学家杨辉。他深入探索各类幻方的奥秘，总结出一些构造幻方的简单法则，还动手构造了许多极为有趣的幻方。被杨辉称为“攒九图”的幻方，就是他用前 33 个自然数构造而成的。

攒九图有哪些奇妙的性质呢？请动手算算：每个圆圈上的数加起来都等于多少？而每个直径上的数加起来，又都等于多少？

幻方不仅吸引了许多数学家，也吸引了许许多多的数学爱好者。清朝有位叫张潮的学者，本来不是搞数学的，却被幻方弄得“神魂颠倒”。后来，他构造出了一批非常别致的幻方，右图所示的“龟文聚六图”就是张潮的杰作之一。图中的24个数起到了40个数的作用，使各个六边形中诸数之和都等于75。

大约在15世纪初，幻方辗转流传到了欧洲各国，它的变幻莫测，它的高深奇妙，很快就使成千上万的欧洲人如痴如狂。包括欧拉在内的许多著名数学家，也对幻方产生了浓郁的兴趣。

欧拉曾想出一个奇妙的幻方。它由前64个自然数组成，每列或每行的和都是260，而半列或半行的和又都等于130。最有趣的是，这个幻方的行列数正好与国际象棋棋盘相同，按照马走“日”字的规定，根据这个幻方里数的排列顺序，马就可以不重复地跳遍整个棋盘！所以，这个幻方又叫“马步幻方”。

| | | | | | | | |
|---|---|---|---|---|---|---|---|
| 1 | 48 | 31 | 50 | 33 | 16 | 63 | 18 |
| 30 | 51 | 46 | 3 | 62 | 19 | 14 | 35 |
| 47 | 2 | 49 | 32 | 15 | 34 | 17 | 64 |
| 52 | 29 | 4 | 45 | 20 | 61 | 36 | 13 |
| 5 | 44 | 25 | 56 | 9 | 40 | 21 | 60 |
| 28 | 53 | 8 | 41 | 24 | 57 | 12 | 37 |
| 43 | 6 | 55 | 26 | 39 | 10 | 59 | 22 |
| 54 | 27 | 42 | 7 | 58 | 23 | 28 | 11 |

马步幻方

近百年来，幻方的形式越来越稀奇古怪，性质也越来越光怪陆离。现在，许多人都认为，最有趣的幻方要数“双料幻方”。它的奥秘和规律，数学家至今尚未完全弄清楚呢。

八阶幻方就是一个双料幻方。

为什么叫作双料幻方？因为，它的每一行、每一列以及每条对角线上8个数的和，都等于同一个常数840；而这样8个数的积呢，又都等于另一个常数2058068231856000。

| | | | | | | | |
|---|---|---|---|---|---|---|---|
| 46 | 81 | 117 | 102 | 15 | 76 | 200 | 203 |
| 19 | 60 | 232 | 175 | 54 | 69 | 153 | 78 |
| 216 | 161 | 17 | 52 | 171 | 90 | 58 | 75 |
| 135 | 114 | 50 | 87 | 184 | 189 | 13 | 68 |
| 150 | 261 | 45 | 38 | 91 | 136 | 92 | 27 |
| 119 | 104 | 108 | 23 | 174 | 225 | 57 | 30 |
| 116 | 25 | 133 | 120 | 51 | 26 | 162 | 207 |
| 39 | 34 | 138 | 243 | 100 | 29 | 105 | 1520 |

双料幻方

有一个叫阿当斯的英国人，为了找到一种稀奇古怪的幻方，竟毫不吝啬地献出了毕生的精力。1910年，当阿当斯还是一

个小伙子时，就开始整天摆弄前 19 个自然数，试图把它们摆成一个六角幻方。在以后的 47 年里，阿当斯食不香，寝不安，一有空就把这 19 个数摆来摆去。然而，经历了成千上万次的失败，他始终也没有找出一种合适的摆法。1957 年的一天，正在病中的阿当斯闲得无聊，在一张小纸条上写写画画，没想到竟然画出一个六角幻方。不料乐极生悲，阿当斯竟然不小心把这个小纸条弄丢了。后来，他又经过了五年的艰苦探索，才重新找到那个丢失了的六角幻方。

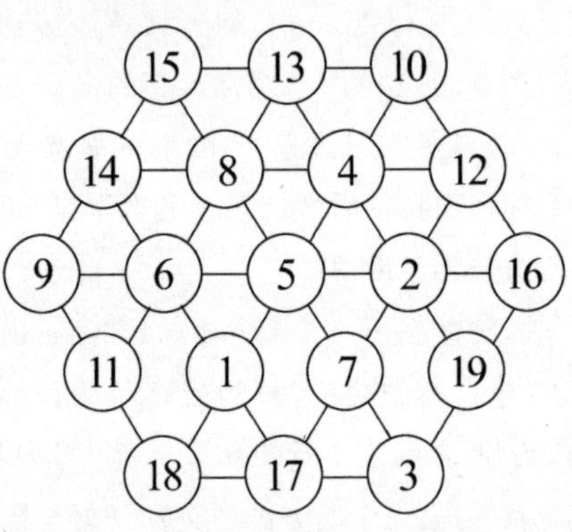


六角幻方

六角幻方得到了幻方专家的高度赞赏，被誉为数学宝库中的“稀世珍宝”。马丁博士是一位大名鼎鼎的美国幻方专家，毕生从事幻方研究，光四阶幻方他就熟悉 880 种不同的排法，当他见到六角幻方后，也感到大开眼界。

过去，幻方纯粹是一种数学游戏，后来，人们逐渐发现其中蕴含着许多深刻的数学真理，并发现它能在许多场合得到实际应用。电子计算机技术的飞速发展，又给这个古老的题目注入了新鲜血液。数学家们进一步深入研究它，终于使其成为一门内容极其丰富的新数学分支——组合数学。

# 简单的拓扑几何

## 平面镶嵌的奇妙

埃舍尔

“它们仅是人类的发明或创造。它们本来就‘是’如此;它们的存在完全不依赖于人类的智慧。具有敏锐领悟能力的任何人所能做的事至多是发现它们的存在并认识它们而已。”

这句话出自被人们称之为“图形艺术家”的荷兰人埃舍尔之口。他从阅读数学著作中获得灵感,创造出令人激动并产生无限遐想的伟大作品。

埃舍尔确实是认识数学的。用数学的眼光来观察他的许多工作,令人激动和兴奋不已。我们中大多数人都熟悉埃舍尔有关平面镶嵌图案的奇妙创造,他给予所镶嵌的对象以运动和生命，这从《变形》、《天和水》、《昼和夜》、《鱼和鳞》和《遭遇》等著名作品

中可以得到证明。除了变换平面以外，被镶嵌对象本身也经常变换。此外，人们看到他对周期铺砌结构中的平移、旋转和反射的概念掌握得很好。

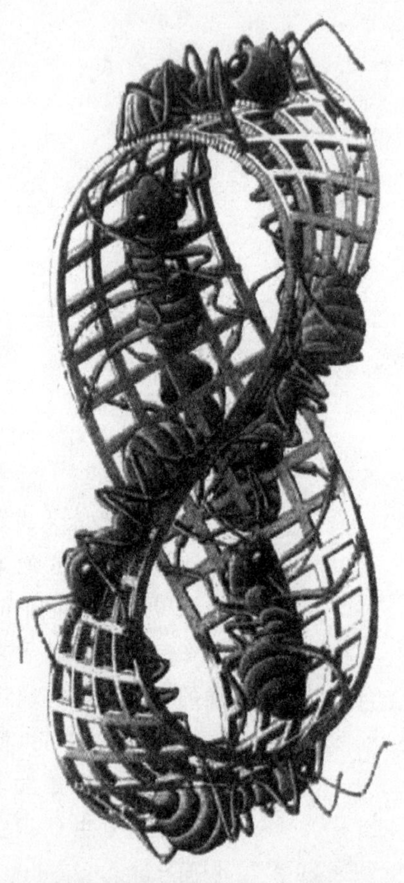

埃舍尔也利用拓扑学领域中的对象和概念。莫比乌斯带在他的木刻《莫比乌斯带Ⅰ》、《莫比乌斯带Ⅱ》和《骑手》中起着关键作用。他在他的作品《纽结》中精巧地作成三叶形纽结。埃舍尔的《蛇》是介绍纽结理论主题的一件完美的艺术品，即使他可能并非有意这样做。《画廊》和《阳台》是拓扑变形的奇妙例子。这些画看起来好像是印刷在经过奇妙的拓扑变形的橡皮薄板上的。

人们在埃舍尔的许多作品中发现的另外两个数学主题是操作和混合维。在《爬虫》中，埃舍尔的二维蜥蜴怪异地变成了在现实三维空间中爬行的生命。类似的变换发生在《魔镜》和《循环》中。他利用射影几何中的概念——透视、传统意义上的投影点和他自己的曲线投影点，使《圣彼得的罗马》、《通天塔》和《高与低》中产生了深度和维度的感觉。

圆、椭圆、螺线、多面体和其他立体是我们在埃舍尔作品中常见的几种几何对象。例如，《三个球》创造出关于球形的三维错觉，虽然它是完全由圆和椭圆组成的。在《星》中，我们看到各种不同的立体，包括柏拉图立体在内，而四面体则是《四面类星体》的中心所在。在《重力》中，有着星形十二面体。

埃舍尔使无穷大的概念活了起来。不需要谁来给它下定义，他的作品就说明了它的意义。在《旋涡》中，螺线把人们的目光带上无尽的旅程。在《方极限》中，凸显出趋向边界的无穷序列的感觉。而《圆极限》则可以说是亨利·庞加莱的有界又无限的非欧几何的理想模型。在《立方空间分割》中，我们同时获得无穷大和空间镶嵌图案的概念。

最后，在视错觉领域，埃舍尔的工作是出众的。他借助于像彭罗斯三角形框条这样的不可能的几何图形来戏弄我们的眼睛和搅乱我们的头脑。他的《瀑布》使我们相信水正沿着封闭的环形不断地向上逆行，而在《上升和下降》中，则有两组人——一组络绎不绝地上楼，另一组络绎不绝地下楼，形成一个环。不可能图形也是他在《观景楼》和《相对性》中创造错觉的手段。在《凹和凸》中，埃舍尔是掌握振荡错觉的能手。我们的眼睛和头脑在不可信的结构与人物造型的内部及外部被弄得忽前忽后。例如，一会儿拱顶是屋顶，一会儿又成了天花板。

埃舍尔还擅长镶嵌艺术，他想出一种镶嵌邮票，立方体的六个面按六个不同的位置设计，所以当这枚邮票在一张纸上滚动时，设计图案就被镶嵌起来。这里不能用邮票来重现这个设计，但只要用计算机来旋转和翻动图案，它就能被镶嵌起来。

依照上图的示例，你也来亲自尝试一下吧！

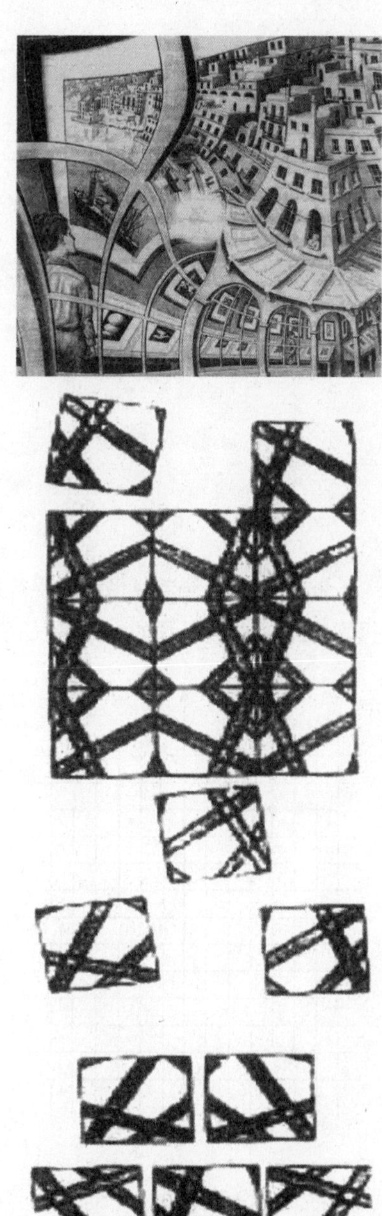

单一图案连续组合成为新图案

# 皮克定理
## 数格点算面积



一张方格纸上，画着纵横两组平行线，相邻平行线之间的距离都相等，这样两组平行线的交点，就是所谓的格点。

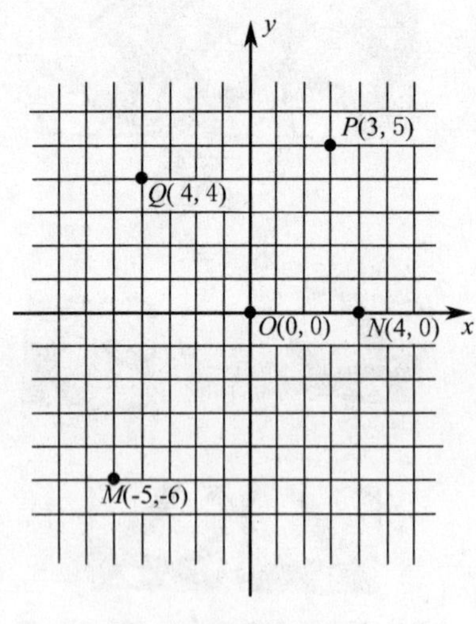


如果取一个格点做原点 $O$，如左图，取通过这个格点的横向和纵向两直线分别做横坐标轴 $OX$ 和纵坐标轴 $OY$，并取原来方格边长做单位长，建立一个坐标系。这时前面所说的格点，显然就是纵横两坐标都是整数的那些点。如右图中的 $O$、$P$、$Q$、$M$、$N$ 都是格点。由于这个缘故，我们又叫格点为整点。

一个多边形的顶点如果全是格点，这个多边形就叫作格点多边形。有趣的是，这种格点多边形的面积计算起来很方便，只要数一下图形边线上的点的数目及图内的点的数目，就可用公式算出。

设格点多边形的面积为 $S$，多边形内部有 $N$ 个格点，多边形边

线上有 $L$ 个格点。为了寻求公式，我们从简单的图形（如下各图）考虑起，并列成一表，探求它们之间的关系。

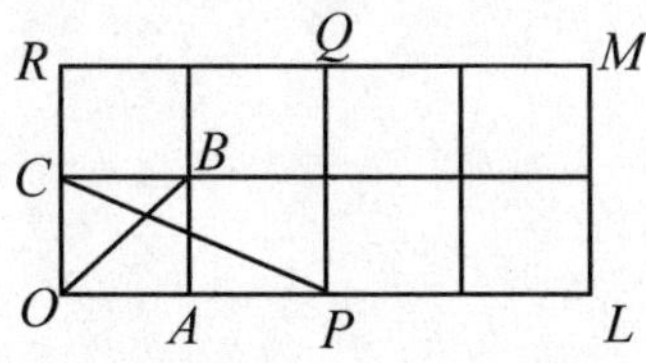

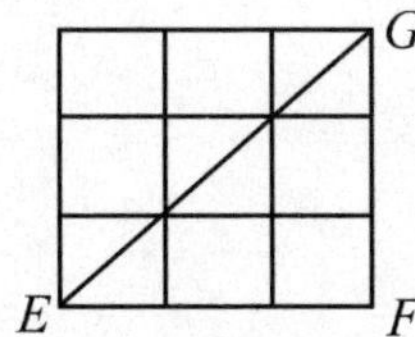

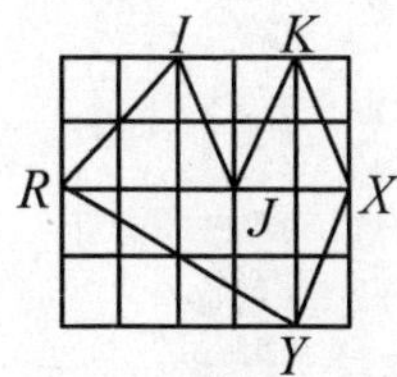


| 图形 | S | N | L | S－N | L/2 |
|---|---|---|---|---|---|
| *OABC* | 1 | 0 | 4 | 1 | 2 |
| *OPQR* | 4 | 1 | 8 | 3 | 4 |
| *OAB* | 1/2 | 0 | 3 | 1/2 | 3/2 |
| *OPC* | 1 | 0 | 4 | 1 | 2 |
| *OLMR* | 8 | 3 | 12 | 5 | 6 |
| *EFG* | 9/2 | 1 | 9 | 7/2 | 9/2 |
| *RIJKXY* | 10 | 7 | 8 | 3 | 4 |



看过上表的左四列，我们可能感到很失望，$S$、$N$、$L$ 之间看不出有什么联系；不过，我们在前面已经看到，当 $S$ 很大时，$S$ 和 $N$ 的差（相对地说）是很小的。因此，我们在表上添了一列，包含 $S-N$，这列数字是随着 $L$ 而增大的。如果用 2 去除 $L$，列到最后一刻，我们立刻得到下面的有趣的关系：

$$S-N=\frac{L}{2}-1\text{，即 }S=N+\frac{L}{2}-1\text{。}$$

这个公式是皮克在 1899 年给出的，被称为“皮克定理”，这是一个实用而有趣的定理。我们这里并不想对皮克定理给予严格的证明，大家可以通过不同的格点多边形验证它的正确性。

不过，通常我们需要计算的图形，往往并不是格点多边形。因此，首先需要通过割补的办法，化为面积相近的格点多边形，然后再用皮克公式进行计算。当你亲自算出一些图形的实际面积时，你一定会为科学的胜利而感到无限的欣慰。

# 不可能图形<br>克莱因瓶与莫比乌斯带

菲利克斯·克莱因

在1882年，著名数学家菲利克斯·克莱因发现了后来以他的名字命名的著名“瓶子”。这是一个像球面那样封闭的曲面，但是它却只有一个面。在图片上我们看到，克莱因瓶的确就像是一个瓶子。但是它没有瓶底，它的瓶颈被拉长，然后似乎是穿过了瓶壁，最后瓶颈和瓶底圈连在了一起。如果瓶颈不穿过瓶壁而从另一边和瓶底圈相连的话，我们就会得到一个轮胎面。

一个球有两个面——外表面和内表面，如果一只蚂蚁在一个球的外表面上爬行，如果它不在球面上咬一个洞，就无法爬到内表面上去。轮胎面也一样有内外表面之分。但是克莱因瓶却不同，我们很容易想象，一只爬在“瓶外”的蚂蚁，可以轻松地通过瓶颈而爬到"瓶内"去——事实上克莱因瓶并无内外之分！在数学上，我们称克莱因瓶是一个不可定向的二维紧致流形，而球面或轮胎面是可定向的二维紧致流形。

如果我们观察克莱因瓶的图片，有一点似乎令人困惑——克莱因瓶的瓶颈和瓶身是相交的，换句话说，瓶颈上的某些点和瓶壁上的某些点占据了三维空间中的同一个位置。但是事实却并非如此。事实是：克莱因瓶是一个在四维空间中才可能真正表现出来的曲面，如果我们一定要把它表现在我们生活的三维空间中，我们只好将就点，把它表现得似乎是自己和自己相交一样。事实上，克莱因瓶的瓶颈是穿过了第四维空间再和瓶底圈连起来的，并不穿过瓶壁。这是怎么回事呢？

大家大概都知道莫比乌斯带。你可以把一条纸带的一端扭 180°，再和另一端粘起来，得到一条莫比乌斯带的模型。这也是一个只有一个面的曲面。但是与球面、轮胎面和克莱因瓶不同的是，它有边（注意，它只有一条边）。如果我们把两条莫比乌斯带沿着它们唯一的边粘贴起来，你就得到一个克莱因瓶了。（当然不要忘了，我们必须在四维空间中才真正有可能完成这个粘贴，否则的话就不得不把纸撕破一点。）同样地，如果把一个克莱因瓶适当地剪开来，我们就能得到两条莫比乌斯带。

除了我们上面看到的克莱因瓶的模样，还有一种不太为人所知的"8 字形"克

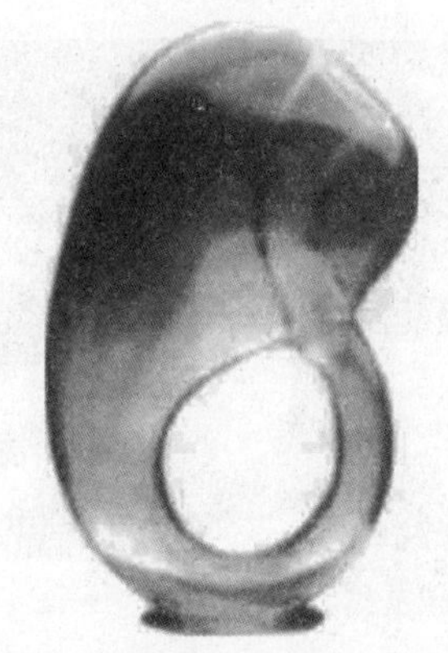

克莱因瓶

麦比乌斯带

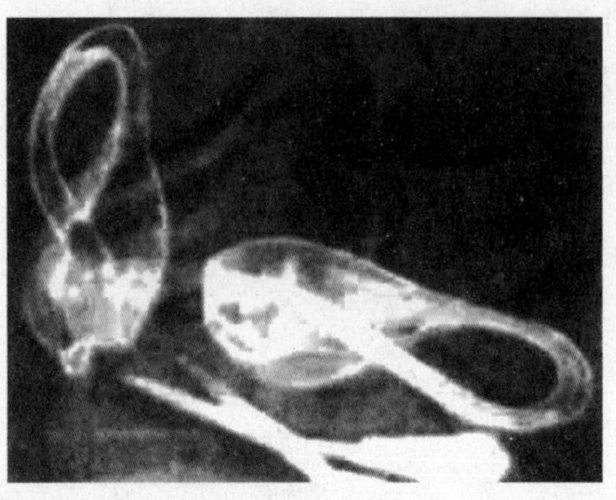

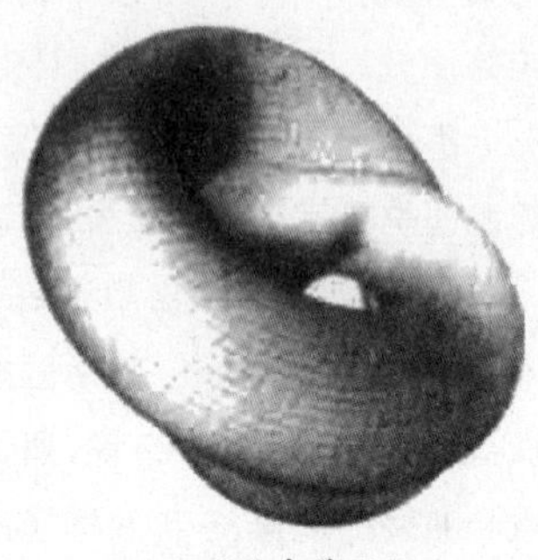

不同的克莱因瓶

莱因瓶。它看起来和上面的曲面完全不同，但是在四维空间中它们其实就是同一个曲面——克莱因瓶。

# 一个永恒运动的世界

# $y=f(x)$ 的故事

我们所居住的星球，宛如浮在浩瀚宇宙中的一方岛屿，从茫茫中来，又向茫茫中去。生息在这个星球上的生命，经历了数亿年的繁衍和进化，终于造就了人类的高度智慧和文明。



然而，尽管人类已经有着如此之多的发现，但仍不知道我们周围的宇宙是怎样开始的，也不知道它将怎样终结！万物都在时间长河中流淌着，变化着，从过去变化到现在，又从现在变化到将来。静止是暂时的，运动却是永恒的！

天地之间，大概再没有什么能比闪烁在天空中的星星更能引起远古人的遐想。他们想象在天上应该有一个如同人世间那般繁华的街市，而那些本身发着亮光的星宿，则忠诚地守护在天宫的特定位置上，永恒不动。后来，这些星星便区别于月亮和行星，称之为恒星。其实，恒星的称呼是不确切的，只是由于它离我们太远了，以至于它们间的任何运动，都慢得使人一辈子感觉不出来！

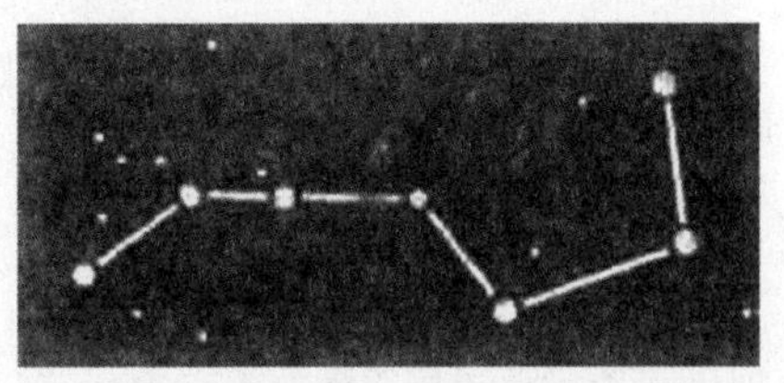

北斗七星是夜空中最为明亮的星星之一，它所在星座在天文学上有个正式的名字叫大熊星座。大熊星座中的七颗星组成一把

勺子的样子,勺底两星的连线延长约五倍处,可寻找到北极星。在北边的夜空是很容易辨认的。

大概所有的人一辈子见到的北斗七星,总是那般形状,这是不言而喻的。人的生命太短暂了！几十年的时光,对于天文数字般的岁月,是几乎可以忽略不计的！然而有幸的是,现代科学的进展,使我们有可能从容地追溯过去和精确地预测将来。人类在10万年前、现在和10万年后应该看到和可以看到的北斗七星的形状是大不一样的！不仅天在动,地也在动。火山的喷发、地层的断裂,冰川的推移、泥石的奔流,这一切都还只是局部的现象。更加不可思议的是,我们脚下站立着的大地,也如同水面上的船只那样,在地幔上缓慢地漂移着！

20世纪初,德国年轻的气象学家魏格纳(1880—1930)发现,大西洋两岸特别是非洲和南美洲海岸轮廓非常相似,其间究竟隐含着什么奥秘呢？魏格纳为此而深深思索着。

一天,魏格纳正在书房看报,一个偶然的变故激发了他的灵感。由于座椅年久失修,某个接头突然断裂,魏格纳的身体骤然间向后仰去,拿在手中的报纸被猛然撕开断成两半。在这一切过去之后,当魏格纳重新注视手上的报纸时顿时醒悟了！长期萦回在脑中的思绪跟眼前的现象碰撞出智慧的火花！一个伟大的思想在魏格纳的脑中闪现了:地球上的大陆原本是连在一起的,后来因为某种原因而断裂分离了！



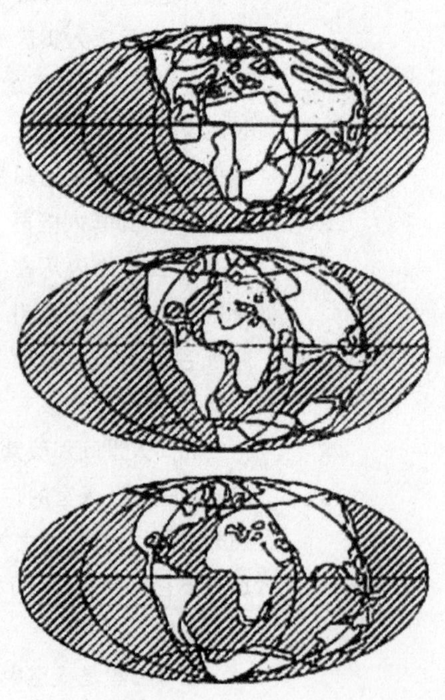

此后,魏格纳奔波于大西洋两岸,为自己的理论寻找证据。1912年,"大陆漂移说"终于诞生了！

今天,大陆漂移学说已为整个世界所公认。据美国航宇局的最新测定表明,目前大陆移动仍在持续,如北美洲正以每年1.52厘米的速度远离欧洲而去;而澳大利亚却以每年6.858厘米的速度向夏威夷群岛漂来！

世间万物都在变化,"不变"反而使人充满着疑惑。下面的故事实在生动不过了。

1938 年 12 月 22 日，在非洲的科摩罗群岛附近，渔民们捕捉到一条怪鱼。这条鱼全身披着六角形的鳞片，长着四只“肉足”，尾巴就像古代勇士用的长矛。当时的渔民们对此并不在意，因为每天从海里网上来的奇形怪状的生物很多！于是这条鱼便顺理成章地成了美味佳肴。

当地博物馆有个年轻的女管理员叫拉蒂迈，此人平时热心于鱼类学研究。当她闻讯赶来时，见到的已是一堆残皮剩骨。不过，出于职业的爱好，拉蒂迈小姐还是把鱼的骨头收集起来，寄给了当时的鱼类学权威史密斯教授。

教授见到鱼骨后，顿时目瞪口呆。原来这种长着矛尾的鱼，早在 7000 万年前就已绝种了，科学家们过去只在化石中见过它。眼前发生的一切使教授感到震惊，同时脑海里也出现了一个大大的问号。于是他不惜下重金，悬赏捕捉第二条矛尾鱼！

时间一年又一年地过去，不知不觉过了 14 个年头。正当史密斯教授抱憾绝望之际，1952 年 12 月 20 日，教授突然收到了一封电报，电文是：“捉到了您所需要的鱼。”史密斯欣喜若狂，立即乘飞机赶往当地。当教授用颤抖的双手打开鱼布包时，热泪夺眶而出……



那么，为什么一条矛尾鱼竟会引起这样大的轰动呢？原来现在捉到的矛尾鱼和 7000 万年前的化石相比，几乎看不到变异！矛尾鱼在经历了亿万年的沧桑之后，竟然既没有灭绝，也没有进化。这一“不变”的迷惑，无疑是对“变”的进化论的挑战！究竟是达尔文的理论需要修正呢，还是存在其他更加深刻的原因？争论至今仍在继续！

我们前面讲过，这个世界的一切量都跟随着时间的变化而变化，时间是最原始的自行变化的量，其他量则是因变量。一般地说，如果在某一变化过程中有两个变量 $x$、$y$，对于变量 $x$ 在研究范围内的每一个确定的值，变量 $y$ 都有唯一确定的值和它对应，那么变量 $x$ 就称为自变量，而变量 $y$ 则称为因变量，或变量 $x$ 的函数，记为：

$$y=f(x)$$

函数一语，启用于 1692 年，最早见于德国数学家莱布尼茨的著作。记号 $f(x)$ 则是由瑞士数学家欧拉于 1724 年首次使用的。上面我们所讲的函数定义，属于德国数学家黎曼(1826—1866)。我国引进函数概念始于 1859 年，首见于清代数学家李善兰(1811—1882)的译作。

一个量如果在所研究的问题中保持同一确定的数值，这样的量我们称为常量。常量并不是绝对的。如果某一变量在局部时空中，其变化是那样微不足道，那么这样的量在这一时空中便可以看成常量。例如，读者所熟知的“三角形内角和为 180°”的

定理，只是在平面上才成立的，但绝对平的面是不存在的，即使是水平面，由于地心引力的关系，也是呈球面弯曲的。然而，这丝毫没有影响广大读者去掌握应用平面的这条定理！又如北斗七星，诚如前面所说，它前 10 万年与后 10 万年的位置是大不相同的。但在近几个世纪内，我们完全可以把它看成是恒定的，甚至可以利用它来精确地判断其他星体的位置！

# 殊途同归

# 圆周率π的计算历程

圆周率是一个极其著名的数。从有文字记载的历史开始，这个数就引起了大众和数学家们的兴趣。作为一个非常重要的常数，圆周率最早是出于解决有关圆的计算问题。仅凭这一点，求出它的尽量准确的近似值，就是一个极其迫切的问题了。事实也是如此，几千年来，古今中外一代一代的数学家为此献出了自己的智慧和劳动。回顾历史，人类对 $\pi$ 的认识过程，反映了数学和计算技术发展情形的一个侧面。$\pi$ 的研究，在一定程度上反映这个地区或时代的数学水平。德国数学家康托尔说："历史上一个国家所算得的圆周率的准确程度，可以作为衡量这个国家当时数学发展水平的指标。"直到 19 世纪初，求圆周率的值应该说还是数学中的头号难题。为求得圆周率的值，人类走过了漫长而曲折的道路，它的历史是饶有趣味的。我们可以将这一计算历程分为几个阶段。

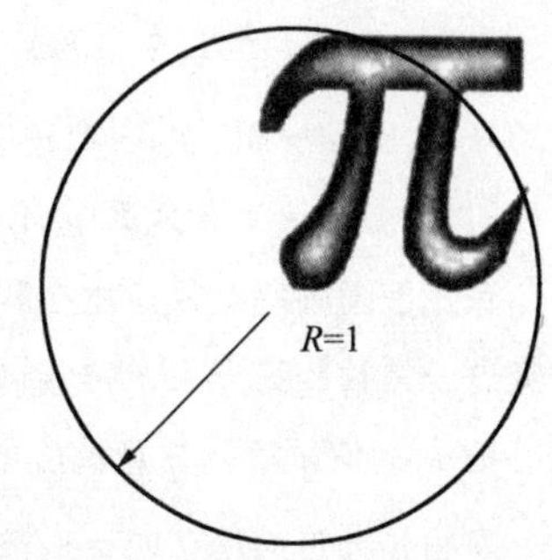


通过实验对 $\pi$ 值进行估算，这是计算 $\pi$ 值的第一阶段。这种对 $\pi$ 值的估算基本上都是以观察或实验为根据的，是基于对一个

圆的周长和直径的实际测量而得出的。在古代世界，实际上长期使用 $\pi=3$ 这个数值。最早见于文字记载的有基督教《圣经》中的章节，其上取圆周率为3。这一段描述的事发生在公元前950年前后。其他如巴比伦、印度、中国等也长期使用3这个粗略而简单实用的数值。在我国刘徽之前"圆径一而周三"曾广泛流传。我国第一部数学著作《周髀算经》中，就记载有圆"径一周三"这一结论。在我国，木工师傅有两句从古流传下来的口诀，叫作"周三径一，方五斜七"，意思是说，直径为1的圆，周长大约是3，边长为5的正方形，对角线之长约为7。这正反映了早期人们对圆周率 $\pi$ 和 $\sqrt{2}$ 这两个无理数的粗略估计。东汉时期，官方还明文规定圆周率取3为计算面积的标准，后人称之为"古率"。

早期的人们还使用了其他的粗糙方法。如古埃及、古希腊人曾用谷粒摆在圆形上，以数粒数与方形对比的方法取得数值；或用匀质木板锯成圆形和方形以称量对比取值……由此，得到圆周率的稍好些的值。如古埃及人应用了约四千年的 $\pi=\left(\frac{4}{3}\right)^4\approx3.1605$。在印度，公元前5世纪，曾取 $\pi\approx3.088$。在我国东、西汉之交，王莽令刘歆制造量的容器——律嘉量斛。刘歆在制造标准容器的过程中就需要用到圆周率的值。为此，他大约也是通过做实验，得到一些关于圆周率的并不划一的近似值。现在根据铭文推算，其计算值分别取为3.1547，3.1992，3.1498，3.2031等，比径一周三的古率已有所进步。人类的这种探索的结果，当主要估计圆田面积时，对生产没有太大影响，但以此来制造器皿或进行其他计算就不合适了。

π
3.141
5926535
8979323846
2643383279502
8841971693993751



真正使圆周率计算建立在科学的基础上的人，首先当数阿基米德。他是科学地研究这一常数的第一人，是他首先提出了一种能够借助数学过程而不是通过测量的，能够把 $\pi$ 的值精确到任意精度的方法。由此，他开创了圆周率计算的第二阶段。

圆周长大于内接正四边形而小于外切正四边形，因此 $2\sqrt{2}<\pi<4$。当然，这是一个差劲透顶的例子。据说阿基米德用到了正96边形才算出它的值域。

阿基米德求圆周率的更精确近似值的方法,体现在他的一篇论文《圆的测量》之中。在这一文中,阿基米德第一次使用上、下界来确定 π 的近似值。他用几何方法证明了"圆周长与圆直径之比小于 3 + (1/7) 而大于 3 + (10/71)",他还提供了误差的估计。重要的是,这种方法从理论上而言,能够求得圆周率的更准确的值。到公元 150 年左右,古希腊天文学家托勒密得出 π = 3. 1416,取得了自阿基米德以来的巨大进步。

在我国,首先是由数学家刘徽得出较精确的圆周率。公元 263 年,刘徽提出了著名的割圆术,得出 π = 3. 14,通常称为"徽率",他指出这是不足近似值。虽然他提出割圆术的时间比阿基米德晚一些,但其方法却有着较阿基米德的方法更美妙之处。割圆术仅用内接正多边形就确定出了圆周率的上、下界,比阿基米德用内接同时又用外切正多边形简捷得多。另外,有人认为在割圆术中刘徽提供了一种绝妙的精加工办法,以至于他将割到 192 边形的几个粗糙的近似值通过简单的加权平均,竟然获得具有四位有效数字的圆周率 π = 3927/1250 = 3. 1416。而这一结果,正如刘徽本人指出的,如果通过割圆计算得出这个结果,需要割到 3072 边形。这种精加工方法的效果是奇妙的。这一神奇的精加工技术是割圆术中最为精彩的部分;令人遗憾的是,因为人们对它缺乏理解而被长期埋没了。



恐怕大家更加熟悉的是祖冲之所做出的贡献吧。对此,《隋书·律历志》有如下记载:"宋末,南徐州从事史祖冲之,更开密法。以圆径一亿为一丈,圆周盈数三丈一尺四寸一分五厘九毫二秒七忽,朒数三丈一尺四寸一分五厘九毫二秒六忽,正数在盈朒二限之间。密率,圆径一百一十三,圆周三百五十五。约率,圆径七,周二十二。"

祖冲之

这一记录指出,祖冲之关于圆周率的两大贡献:其一是求得圆周率3. 1415926 < π < 3. 1415927;其二是,得到 π 的两个近似分数,即约率为 22/7,密率为 355/113。他算出的 π 的八位可靠数字,不但在当时是最精密的圆周率,而且保持世界纪录九百多年。以至于有数学史家提议将这一结果命名为"祖率"。

这一结果是如何获得的呢? 追根溯源,正是基于对刘徽割圆术的继承与发展,祖

冲之才能得到这一非凡的成果。因而，当我们称颂祖冲之的功绩时，不要忘记他的成就的取得是他站在数学伟人刘徽的肩膀上的缘故。后人曾推算若要单纯地通过计算圆内接多边形边长的话，得到这一结果，需要算到圆内接正 12288 边形，才能得到这样精确度的值。祖冲之是否还使用了其他的巧妙办法来简化计算呢？人们已经不得而知，因为记载其研究成果的著作《缀术》早已失传了。这在中国数学发展史上是一件令人极痛惜的事。

祖冲之的这一研究成果享有世界声誉：巴黎“发现宫”科学博物馆的墙壁上著文介绍了祖冲之求得的圆周率，莫斯科大学礼堂的走廊上镶嵌有祖冲之的大理石塑像，月球上有以祖冲之命名的环形山……

# 用毕达哥拉斯定理求无理数作图法

无理数是这样的数，它不能表示为一个有限的或循环的小数。

例如：$\sqrt{2}$，$\sqrt{3}$，$\sqrt{5}$，$\pi$，$\sqrt{48}$，$e$，$\sqrt{235}$，$\phi$，…



当人们力图把一个无理数写为小数时，得到的将是一个无限不循环的小数。

例如：$\sqrt{2}\approx1.41421356\cdots$

$\pi\approx3.141592653\cdots$

$e\approx2.71828182\cdots$

$\phi\approx1.61803398\cdots$（黄金比值）

几千年来，数学家们设计出许多方法以便获得无理数更为精确的近似值。用高效率计算机和无穷数列，可以将这些近似小数求到任何精密的程度，当然，在设计这些方法时要考虑到所耗费的时间及效果。令人惊奇的是，对于许多无理数，用毕达哥拉斯定理可以将其准确地求出。古希腊数学家不仅证明了毕达哥拉斯定理，而且还用它作出了一些长度为无理数（与单位长相比）的精确的线段。



在数轴上确定$\sqrt{2}$，$\sqrt{3}$，$\sqrt{4}$，$\sqrt{5}$，$\sqrt{6}$，$\sqrt{7}$，$\sqrt{8}$，…的位置，作直角三角形使它以上述数的长度为斜边，并如下图所示用圆规画弧将其定位于数轴上。

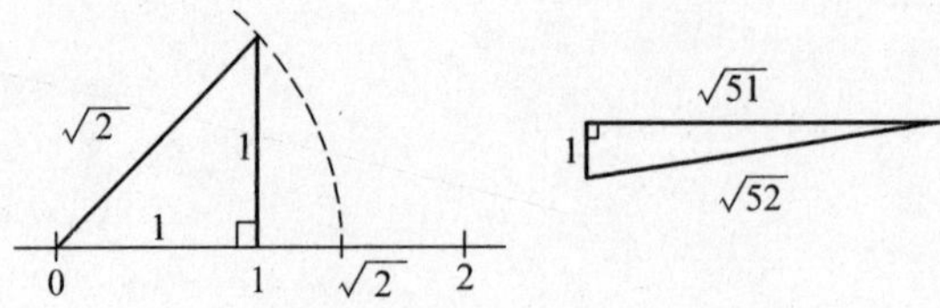


如图所示，作$\sqrt{52}$的一种方法是用长为$\sqrt{51}$和1的线段，另一种方法是用长为7和$\sqrt{3}$的线段。

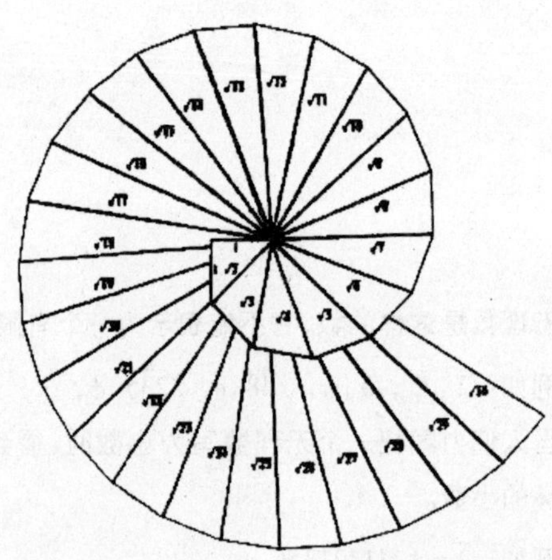

# 素数制造仪

## 埃拉托色尼筛法

埃拉托色尼

美国密苏里大学一位教授领导的研究小组在2016年1月发现了已知最大的素数，这个素数可写成$2^{74207281}-1$，拥有22338618位数。这是人类发现的第49个梅森素数。

据媒体报道，这位名叫柯蒂斯·库珀的教授是“因特网梅森素数大搜索”（GIMPS）项目的参与者。他为GIMPS项目诞生20周年做了献礼。

素数也叫质数，是只能被自己和1整除的数，例如2、3、5、7、11等。2300年前，古希腊数学家欧几里得证明了素数是无限的，并提出少量素数可写成“$2^n-1$”的形式，这里$n$也是一个素数。

此后，许多数学家曾对这种素数进行研究。17世纪的法国教





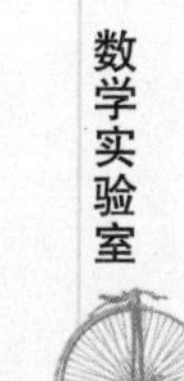

士马丁·梅森是其中成果较为卓著的一位,因此后人将“$2^n-1$”形式的素数称为梅森素数。

1978 年 10 月 30 日晚 9 时,上述的数再次被发现,它成为那时已知的最大素数。这个素数可写为 $2^{21701}-1$,它是 L. 尼克尔和 C. 诺尔(两人均系中学生)在计算机上运作了 1800 小时后发现的。接着 C. 诺尔又独自发现了一个更大的素数 $2^{23209}-1$。1979 年 5 月,利物浦实验室的 H. 尼尔森等发现了一个比诺尔发现的大得多的素数 $2^{44497}-1$。

后来数学家们又发现了许多更大的素数,1983 年为 $2^{86243}-1$,1985 年为 $2^{216091}-1$,1992 年为 $2^{756839}-1$。1998 年 1 月,它是 $2^{3021377}-1$,共有 909526 位。

1995 年,美国程序设计师乔治·沃特曼整理有关梅森素数的资料,编制了一个梅森素数计算程序,并将其放置在因特网上供数学爱好者使用,这就是“因特网梅森素数大搜索”计划。该计划采取分布式计算方式,利用大量普通计算机的闲置时间,获得相当于超级计算机的运算能力,很多梅森素数都是用这种方法找到的。

虽然今天的计算机已经有了探寻素数的程序,但古希腊数学家埃拉托色尼(约公元前 275—公元前 194)却早已发明了求比某给定数小的素数的筛法技巧。



埃拉托色尼筛法程序:

(1)画掉 1,因为它不归于素数类。

(2)圈起 2,这是最小的正的偶素数。现在画掉所有 2 的倍数。

(3)圈起 3,即下一个素数。现在画掉所有 3 的倍数。可能其中有些已作为 2 的倍数被画掉。

(4)圈起下一个未被画掉的数,即 5。现在画掉所有 5 的倍数。

(5)继续上述过程,直至所求范围之内的所有数要么被圈起,要么被画掉。

# 制作柏拉图体

## 正多面体的规律

柏拉图

从古代起，多面体便出现在数学著作中，然而，它们的起源却是那样古老，几乎可以与自然界自身的起源联系在一起。

晶体常常生长成多面体形状。例如，氯酸钠的晶体呈现为立方体和4面体的形状，铬矾晶体有着8面体的形状。令人迷惑不解的是，在一种海洋微生物放射虫类的骨骼结构中，居然也出现了12面体和20面体的晶状体。

“体”这个词意味着任何三维的对象，诸如一块岩石、一颗豆、一座金字塔、一个盒子、一个立方体等等。有一组非常特殊的立体称为正多面体，它们是由古希腊哲学家柏拉图发现的。如果多面体的所有的面都相同，而且这些面上的角也全相等，那么这个多面体就称为正多面体。一个正多面体的所有面都一样，所有边都相

等，而所有角也全都相等。多面体有着无数种类型，但正多面体却只有五种。正多面体也称柏拉图体，柏拉图约于公元前400年独立发现了它们，后人为此予以命名。然而正多面体的存在，人们早在毕达哥拉斯之前就已知道。古埃及人甚至把它们中的某些用在蔚为壮观的建筑和其他物件中。

柏拉图体是凸多面体，其边界由全等的正多边形构成。这样的立体只存在五个。柏拉图证明了它们是4面体，立方体(或6面体)，8面体，12面体和20面体。

这里给出的是制作五种正多面体的图样。你不想把它们复制下来，剪下并尝试把它们折成三维的样子吗?

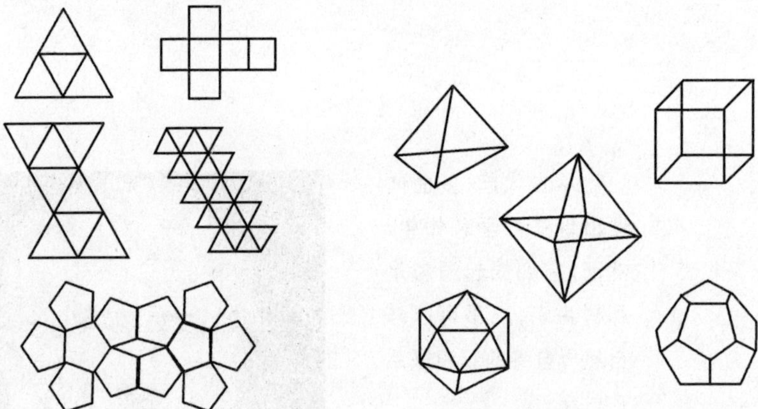

# 发现推理的漏洞

## 1 = 2 的证明

推理的艺术触及我们生活的方方面面，比如决定吃什么，用一张什么样的地图，买一件什么样的礼物，或者证明一个几何定理等等。有关推理的种种技巧，都进入了问题的解决之中。在推理中一个小小的毛病都可能导致十分怪异和荒谬的结果。例如，作为一名计算机程序员，就会担心由于某一步骤的忽略而导致了一种无限的循环。任何人都无法保证在我们的解释、解答或证明中不会出现一点错误。在数学中除以零是一种常见的错误，它能引发像下面"1 = 2"的证明那样的荒谬结果。你能发现它错在哪里吗？

命题：如果 $a = b$，且 $a, b > 0$，则 $1 = 2$。

证明：

(1) $a, b > 0$（已知）

(2) $a = b$（已知）

(3) $ab = b^2$（第 2 步"="的两边同乘以 $b$）

(4) $ab - a^2 = b^2 - a^2$（第 3 步"="的两边同减去 $a^2$）

(5) $a(b - a) = (b + a)(b - a)$（第 4 步的两边同时分解因式）

(6) $a = (b + a)$（第 5 步"="的两边同除以 $b - a$）

(7) $a = a + a$（第 2、第 6 步替换）

(8) $a = 2a$（第 7 步同类项相加）

(9) $1 = 2$（第 8 步"="的两边同除以 $a$），得证。

同理还有 $1>2$ 的证明,一起试试看吧:

把能被 4 整除的偶数 $M$ 写成 $1+(M-1),3+(M-3),5+(M-5),\cdots,(M/2-1)+(M/2+1)$ 共 $M/4$ 个式子,假设 $p\_r$ 是小于 $M/2$ 的最大的素数。

对加数 $1,3,5,\cdots,M/2-1$ 用比例筛法。先筛掉 3 的倍数,再筛掉 5 的倍数……直到筛掉 $p\_r$ 的倍数。

设剩下的式子个数为 $q(1,1)$。由于一个数是 $p$ 的倍数的概率占 $1/p$,故一个数与 $p$ 互素的概率占 $(1-1/p)$。而这些概率是可乘的,故剩下的式子的个数,也就是加数 $1,3,5,\cdots,M/2-1$ 中,与 $3,5,\cdots,p\_r$ 都互素的数的概率是 $(1-1/3)(1-1/5)\cdots(1-1/p\_r)$。

故 $q(1,1)\geqslant M/4(1-1/3)(1-1/5)\cdots(1-1/p\_r)=M/4(2/3)(4/5)\cdots((p\_r-1)/p\_r)$

当 $M$ 充分大时,易验证 $M/4(2/3)(4/5)\cdots((p\_r-1)/p\_r)>M/p\_r>2$。

于是有 $q(1,1)>2$。又显然 $q(1,1)$ 只能等于 1,因为其他的加数都被筛掉了。

即 $1>2$。

# 揭秘宇宙的规律

# 完美的圆锥曲线

在现代中学数学课程中，通常是在初等解析几何中学到圆锥曲线，亦即椭圆、双曲线和抛物线。圆锥曲线的发现和研究起始于古希腊，欧几里得、阿基米德、帕布斯、阿波洛尼乌等几何学大师都热衷于圆锥曲线的研究，而且都有专著论述其几何性质。其中以阿波洛尼乌所著的八册《圆锥曲线论》集其大成，可以说是古希腊几何学登峰造极的精辟之作。当时，对于这种既简朴又完美的曲线的研究，乃是纯粹从几何学的观点出发，研讨和圆密切相关的曲线；它们的几何乃是圆的几何的自然推广。在当年这是一种纯理念的探索，并不寄希望也无从预期它们会在大自然的基本结构中扮演何种重要的角色。直到 16 世纪和 17 世纪之交，开普勒行星运行三定律的发现才让人们知道行星绕太阳运行的轨道乃是一种以太阳为焦点的椭圆。开普勒三定律是近代科学开天辟地的重大突破，不但开创了天文学的新纪元，而且也是牛顿万有引力定律的根源所在。由此可见，圆锥曲线不单单是几何学家所爱好的事物，也是大自然基本规律中所自然选用的精要之一。

一段竹竿大体上是一个圆柱，它的正切曲线是一个圆，但其斜切曲线却不再是圆的，这也许就是“椭圆”的一种自然出处。圆的几何特性是有一个圆心，圆心和圆上各点等距。人们不禁想到由斜切圆柱所得的“椭圆”是否也具有类似的几何特性呢？古希腊几

何学家在上述问题的探讨中获得了令人鼓舞的简洁答案，亦即一个椭圆具有两个焦点 $F_1$、$F_2$，使得椭圆上任意一点到两个焦点的距离之和为一定长（其实，这就是通常在初等解析几何中椭圆的定义）。我们用图来解说当年对于这种圆柱切线的基本特性的证法。设 $\Gamma$ 是一个半径为 $R$ 的圆柱面和一个斜切平面 $\Pi$ 的交集，我们可以用两个半径为 $R$ 的球面 $\Sigma_1$、$\Sigma_2$ 由上下两端沿着柱面向截面 $\Pi$ 滑动，一直到分别和 $\Pi$ 相切于 $F_1$、$F_2$ 的位置。

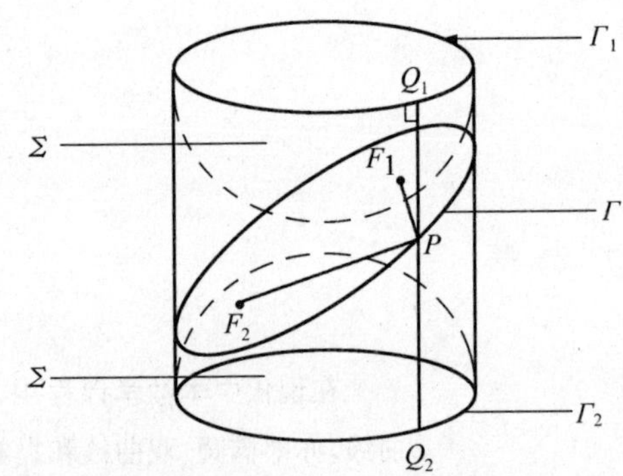


$\Gamma_1$、$\Gamma_2$ 分别是上下球面 $\Sigma_1$、$\Sigma_2$ 和柱面相切的圆。设 $P$ 是椭圆 $\Gamma$ 上任意一点，$\overline{Q_1Q_2}$ 是柱面上过 $P$ 点的那一条直线段，$Q_1 \in \Gamma_1$，$Q_2 \in \Gamma_2$。

则有

$\overline{PF_1} = \overline{PQ_1}$，$\overline{PF_2} = \overline{PQ_2}$（定点到一个球面的切线长相等）

$\overline{PF_1} + \overline{PF_2} = \overline{Q_1Q_2}$（定长）

这大体上就是当年古希腊几何学家运用圆柱和球面的简朴特性所得出的“圆柱斜切线”的几何特性及其证明，这的确是一个令人鼓舞的杰作！



后来，人们又发现上述简洁精辟的证明其实可以稍加推广，即把圆柱面换成圆锥面，结论依然成立。

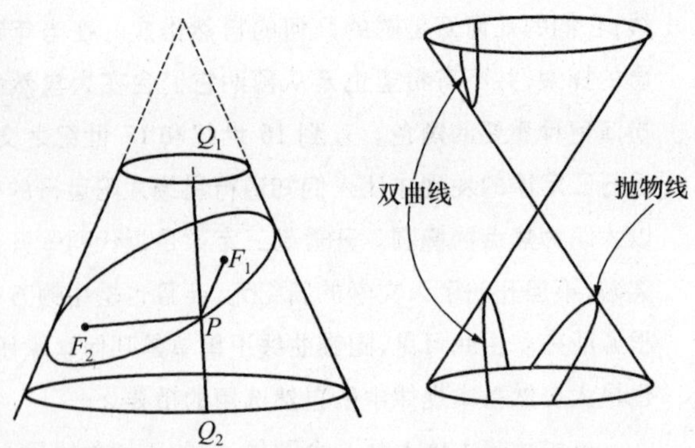


如上图所示，平面和圆锥面的相切还可以产生另外两种曲线，即现在叫作双曲线和抛物线者。如上面两幅图所示，双曲线也有两个焦点，而抛物线则只有一个焦点，而且可以用类似的几何论证，证明双曲线和抛物线的几何特性分别如下，即：

双曲线：$\overline{PF_1}-\overline{PF_2}=$定值；

抛物线：$PF=d(PL)$，其中 $L$ 是准线。

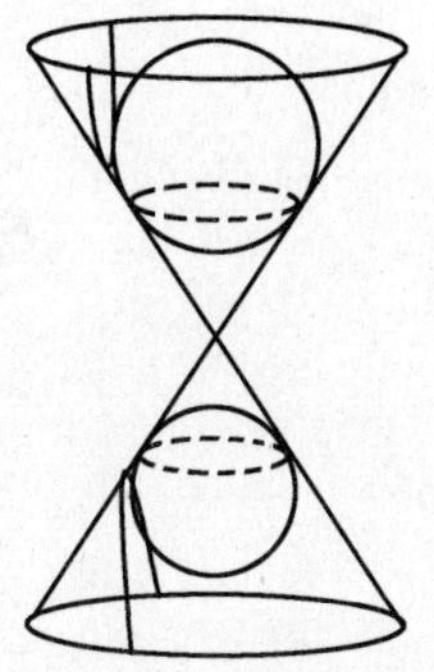

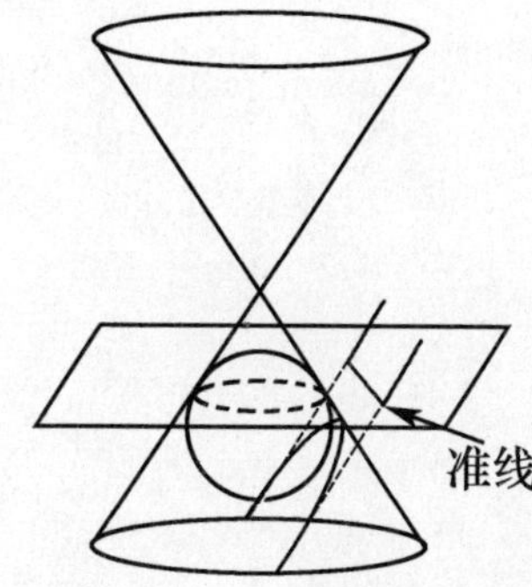

# 哈密顿游戏

## 著名的流动推销员问题

哈密顿

1979年11月7日，《纽约时报》刊登了一篇引人注目的文章，它的标题是“苏联的发现震动数学界”。文章介绍了一个原本默默无闻的苏联年轻数学家哈奇扬，在线性规划理论上的发现使美国数学界为之轰动。由于记者在询问一些著名数学家时对数学问题了解不深，文章报道有一些失实，但由这篇文章引起的轰动及误导却相当严重。文章说：“俄国人的发现建议用电子计算机处理和‘流动的推销员问题’有关的数学上一个著名及难处理的问题。‘流动的推销员问题’目的是决定一个推销员所要跑的最短路程——他要走遍市镇，但不能再回到走过的地方。表面上看这个问题很简单，事实上为了要解决这个问题的实际应用，人们需要电子计算机来解决。”

在这点上这个记者说对了。“流动推销员问题”是许多国家(如德国、日本、俄国、英国、美国、法国)运筹学工作者研究的热门课题。为了了解这个问题,还应该知道在图论上许多人研究一种图——哈密顿图。

## 哈密顿图的由来

在17至18世纪时,欧洲贵族很喜欢玩国际象棋,国际象棋中的骑士对应中国象棋的“马”,它通常刻成马头形状,走法也和中国象棋的“马”一样走“日”线——即从日的一角沿着对角线跃到另一角。

1771年,一位名叫范德蒙的法国数学家,写了一篇文章研究所谓“棋盘的骑士问题”。这个问题是这样的:在8×8的棋盘格上随意一个位置放一个骑士,然后设法使它跑遍棋盘的所有格子,走过的不许再走,能不能使骑士最后回到原来的位置?

许多象棋爱好者及数学家曾坐下来研究这个问题。这里列出一个情形的解(见下图),将棋盘的左下角第一格选为起始位置,把它定为1,根据图上的跑法,骑士最后能回到1。

| 56 | 41 | 58 | 35 | 50 | 39 | 60 | 33 |
|---|---|---|---|---|---|---|---|
| 47 | 44 | 55 | 40 | 59 | 34 | 51 | 38 |
| 42 | 57 | 46 | 49 | 36 | 53 | 32 | 61 |
| 45 | 48 | 43 | 54 | 31 | 62 | 37 | 52 |
| 20 | 5 | 30 | 63 | 22 | 11 | 16 | 13 |
| 29 | 64 | 21 | 4 | 17 | 14 | 25 | 10 |
| 6 | 19 | 2 | 27 | 8 | 23 | 12 | 15 |
| 1 | 28 | 7 | 18 | 3 | 26 | 9 | 24 |

18世纪的大数学家欧拉在1759年系统地研究过这个问题,也得到了一些结果。后来,德国数学家高斯也曾对这个问题产生兴趣,花了一些时间研究它及另外一个相关的“皇后问题”。

如果把棋盘上的格子用小圆点对应在一个平面上,那么在平面上就有64个小圆点。从一个格子用骑士的走法可以抵达不同数目的格子:如果是处在棋盘的四个角,只能有两种跑法;在其他边缘的格子就有三种跑法;一般的格子就有四种可能的跑

法。把平面上的点用弧线连接，两个点由一条弧线连起当且仅当我们可以从它们所对应的格子将骑士移动。

在图中取一个顶点 $V_0$，如果有一条弧线把它和另外一个点 $V_1$ 连起来，就用 $(V_0,V_1)$ 来表示这条弧线。假定有一系列点 $V_0,V_1,V_2,\cdots,V_n$，其中没有两个相同以及同一序列的弧线存在 $(V_0,V_1),(V_1,V_2),\cdots,(V_{n-1},V_n),(V_n,V_0)$，从 $V_0$ 出发可以经过 $V_1,V_2,\cdots,V_n$，最后由 $V_n$ 回到 $V_0$，就是说这些弧线组成一个回路。为了方便，我们用下面的记号表示这个回路：$(V_0,V_1,V_2,\cdots,V_n,V_0)$。

如果有一个图 $G$ 有 $n+1$ 个顶点 $(V_0,V_1,V_2,\cdots,V_n)$，而能找到一个回路 $(V_0,V_1,V_2,\cdots,V_n,V_0)$，那么就说这个图是哈密顿图，这个回路称为哈密顿圈。

因此，“棋盘的骑士问题”实际上就是要判断它所对应的图是否是哈密顿图的问题。

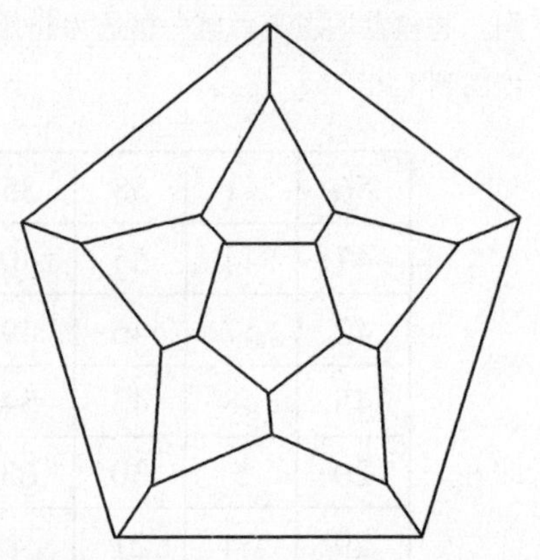



为什么叫哈密顿图?

哈密顿是英国数学家和物理学家，他的一生是多姿多彩的。哈密顿发现“四元数”之后，又发现了另外一种被命名为“The Icosian Calculus”的代数系统，这系统有加和乘的运算，可是乘法不满足交换律。

他发现这个代数系统和正 12 面体有关系，他想到一个怎样跑遍正 12 面体上的所有顶点而最后又能回到起点的游戏。1859 年，他把这个游戏的想法以 25 英镑的价钱卖给一位玩具制造商。

玩具制造商把游戏制造出来，在圆盘上有 20 个代表城市的圆孔，把 20 个上面标有 1,2,3,…,20 的木条按顺序插进去，代表经过不同的城市，最后回到原出发点。这个游戏名字叫“环游世界”，很可惜玩具制造商没有赚到钱，但哈密顿图的叫法却从此流传开来。

# 大金字塔之谜

## 奇妙的规律

墨西哥、希腊、苏丹等国都有金字塔，但声名最为显赫的是埃及的金字塔。埃及是世界上历史最悠久的文明古国之一。金字塔是古埃及文明的代表作，是埃及国家的象征，是埃及人民的骄傲。

金字塔，阿拉伯文意为“方锥体”，它是一种方底、尖顶的石砌建筑物，是古代埃及埋葬国王、王后或王室其他成员的陵墓。它既不是金子做的，也不是我们通常所见的宝塔形。由于它规模宏大，从四面看都呈等腰三角形，很像汉语中的“金”字，故中文形象地把它译为“金字塔”。

埃及迄今发现的金字塔近百座，其中最大的是以高耸巍峨而列为古代世界七大奇迹之首的胡夫金字塔。在 1889 年巴黎埃菲尔铁塔落成前的四千多年的漫长岁月中，胡夫金字塔一直是世界上最高的建筑物。

据一位名叫彼得的英国考古学者估计，胡夫金字塔大约由 230

万块石块砌成，外层石块约115000块，平均每块重2.5吨，像一辆小汽车那样大，最大的甚至超过15吨。假如把这些石块凿成平均一立方英尺的小块，把它们沿赤道排成一行，其长度相当于赤道周长的2/3。

埃及金字塔及斯芬克司像

1789年，拿破仑入侵埃及时，于当年7月21日在金字塔地区与土耳其和埃及军队发生了一次激战，战后他观察了胡夫金字塔。据说他对塔的规模之大佩服得五体投地。他估算，如果把胡夫金字塔和与它相距不远的胡夫的儿子哈夫拉和孙子门卡乌拉的金字塔的石块加在一起，可以砌一道三米高、一米厚的石墙沿着国界把整个法国围成一圈。

胡夫金字塔演示图

在四千多年前生产工具很落后的中古时代，埃及人是怎样采集、搬运数量如此之多又如此之重的巨石，垒成如此宏伟的大金字塔的呢？这真是十分难解的谜。

胡夫金字塔底边原长230米，由于塔的外层石灰石脱落，现在底边减短为227米。塔原高146.5米，经风化侵蚀，现降至136.5米。塔的底角为51°51′。整个金字塔建筑在一块巨大的凸形岩石上，占地约52900平方米，体积约260万立方米。它的四边正对着东南西北四个方向。

英国伦敦《观察家报》有一位编辑名叫约翰·泰勒，是天文学和数学的业余爱好者。他曾根据文献资料中提供的数据对大金字塔进行了研究。经过计算，他发现胡夫金字塔令人难以置信地包含着许多数学上的原理。

他首先注意到胡夫金字塔底角不是60°而是51°51′，从而发现每壁三角形的面积等于其高度的平方。另外，塔高与塔基周长的比就是地球半径与周长之比，因而，用塔高来除底边的2倍，即可求得圆周率。泰勒认为这个比例绝不是偶然的，它证明了古埃及人已经知道地球是圆形的，还知道地球半径与周长之比。

泰勒还借助文献资料中的数据研究古埃及人建金字塔时使用何种长度单位。当他把塔基的周长化为英寸单位时，还想到英制长度单位与古埃及人使用的长度单位是否有一定关系？

泰勒的观点得到了英国数学家查尔斯·皮奇·史密斯教授的支持。1864年，史密斯实地考察胡夫金字塔后声称，他发现了大金字塔更多的数学上的奥秘。例如，塔高乘以109就等于地球与太阳之间的距离。大金字塔不仅包含着长度单位，还包含着计算时间的单位：塔基的周长按照某种单位计算的数据恰为一年的天数，等等。史密斯的这次实地考察受到了英国皇家学会的赞扬，被授予了学会的金质奖章。

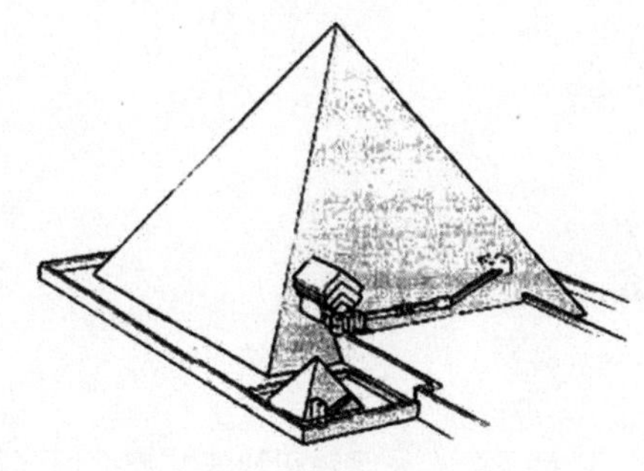

金字塔计算演示图

后来，另一位英国人费伦德齐·彼特里带着他父亲用20年心血精心改进的测量仪器又对大金字塔进行了测绘。在测绘中，他惊奇地发现，大金字塔在线条、角度等方面的误差几乎等于零，在350英尺的长度中，偏差不到0.25英寸。

但是彼特里在调查后写的书中否定了史密斯关于塔基周长等于一年的天数这种说法。

彼特里的书在科学家中引起了一场轩然大波。有人支持他，有人反对他。大金字塔到底凝结着古埃及人多少知识和智慧，至今仍然是没有完全解开的谜。

# 神机妙算——兵法中的计算规律

秦王暗点兵问题和韩信乱点兵问题，都是后人对物不知数问题的一种故事化。



物不知数问题出自1600多年前我国古代数学名著《孙子算经》。原题为："今有物不知其数，三三数之剩二，五五数之剩三，七七数之剩二，问物几何？"

这道题的意思是：有一批物品，不知道有几件。如果三件三件地数，就会剩下两件；如果五件五件地数，就会剩下三件；如果七件七件地数，也会剩下两件。问：这批物品共有多少件？

变成一个纯粹的数学问题就是：有一个数，用3除余2，用5除余3，用7除余2。求这个数。

这个问题很简单：用3除余2，用7除也余2，所以用3与7的最小公倍数21除也余2，而用21除余2的数我们首先就会想到23；23恰好被5除余3，所以23就是本题的一个答案。这个问题之所以简单，是因为有被3除和被7除余数相同这个特殊性。如果没有这个特殊性，问题就不那么简单了，也有趣得多。

我们换一个例子。韩信点一队士兵的人数，三人一组余两人，五人一组余三人，七人一组余四人。问：这队士兵至少有多少人？

这个题目是要求出一个正整数，使之用3除余2，用5除余3，用7除余4，而且希望所求出的数尽可能地小。

如果一位同学从来没有接触过这类问题，也能利用试验加分析的办法一步一步地增加条件推出答案。例如我们从用3除余2这个条件开始。满足这个条件的数是$3n+2$，其中$n$是非负整数。要使$3n+2$还能满足用5除余3的条件，可以把$n$分别用1，2，3，…代入来试。当$n=1$时，$3n+2=5$，5除以5不余3，不合题意；当$n=2$时，$3n+2=8$，8除以5正好余3，可见8这个数同时满足用3除余2和用5除余3这两个条件。最后一个条件是用7除余4，8不满足这个条件。我们要在8的基础上得到一个数，使之同时满足三个条件。

为此联想到，可以使新数等于8与3和5的一个倍数的和。因为8加上3与5的任何整数倍所得之和除以3仍然余2，除以5仍然余3。于是我们让新数为$8+15m$，分别把$m=1,2,\cdots$代进去试验。当试到$m=3$时，得到$8+15m=53$，53除以7恰好余4，因而53合乎题目要求。



我国古代学者早就研究过这个问题。例如明朝数学家程大位所著的《算法统宗》中就用四句很通俗的口诀暗示了此题的解法："三人同行七十稀，五树梅花廿一枝，七子团圆正半月，除百零五便得知。"

"正半月"暗指15。"除百零五"的原意是，当所得的数比105大时，就105、105地往下减，使之小于105；这相当于用105去除，求出余数。

这四句口诀暗含的意思是：当除数分别是3、5、7时，用70乘以用3除的余数，用21乘以用5除的余数，用15乘以用7除的余数，然后把这三个乘积相加。加得的结果如果比105大，就除以105，所得的余数就是满足题目要求的最小正整数解。

按这四句口诀暗示的方法计算韩信点兵的人数可得：

$70\times2+21\times3+15\times4=263$，$263=2\times105+53$，所以，这队士兵至少有53人。

在这种方法里，我们看到70、21、15这三个数很重要，稍加研究，可以发现它们的特点是：70是5与7的倍数，而用3除余1；21是3与7的倍数，而用5除余1；15是3与5的倍数，而用7除余1。

因而$70\times2$是5与7的倍数，用3除余2；$21\times3$是3与7的倍数，用5除余3；$15\times4$是3与5的倍数，用7除余4。

如果一个数除以 $a$ 余数为 $b$，那么给这个数加上 $a$ 的一个倍数以后再除以 $a$，余数仍然是 $b$。所以，把 $70\times2,21\times3$ 与 $15\times4$ 都加起来所得的结果能同时满足"用 3 除余 2、用 5 除余 3、用 7 除余 4"的要求。一般地，$70m+21n+15k$ ($1\leqslant m<3$，$1\leqslant n<5$，$1\leqslant k<7$) 能同时满足"用 3 除余 $m$、用 5 除余 $n$、用 7 除余 $k$"的要求。除以 105 取余数，是为了求合乎题意的最小正整数解。

我们已经知道了 70、21、15 这三个数的性质和用处，那么，人们是怎么把它们找到的呢？要是换了一个题目，三个除数不再是 3、5、7，应该怎样去求出类似的有用的数呢？

为了求出是 5 与 7 的倍数而用 3 除余 1 的数，我们看看 5 与 7 的最小公倍数是否合乎要求。5 与 7 的最小公倍数是 $5\times7=35$，35 除以 3 余 2，35 的 2 倍除以 3 就能余 1 了，于是我们得到了"三人同行七十稀"。



为了求出是 3 与 7 的倍数而用 5 除余 1 的数，我们看看 3 与 7 的最小公倍数是否合乎要求。3 与 7 的最小公倍数是 $3\times7=21$，21 除以 5 恰好余 1，于是我们得到了"五树梅花廿一枝"。

为了求出是 3 与 5 的倍数而用 7 除余 1 的数，我们看看 3 与 5 的最小公倍数是否合乎要求。3 与 5 的最小公倍数是 $3\times5=15$，15 除以 7 恰好余 1，因而我们得到了"七子团圆正半月"。

3、5、7 的最小公倍数是 105，所以"除百零五便得知"。

依照上面的思路，我们可以举一反三。

例如：试求一数，使之用 4 除余 3，用 5 除余 2，用 7 除余 5。

解：我们先求是 5 与 7 的倍数而用 4 除余 1 的数。5 与 7 的最小公倍数是 $5\times7=35$，35 除以 4 余 3，$3\times3$ 除以 4 余 1，因而 $35\times3=105$，除以 4 余 1，105 是 5 与 7 的倍数且用 4 除余 1 的数。

我们再求是 4 与 7 的倍数而用 5 除余 1 的数。4 与 7 的最小公倍数是 $4\times7=28$，28 除以 5 余 3，$3\times7$ 除以 5 余 1，因而 $28\times7=196$，除以 5 余 1，196 是 4 与 7 的倍数且用 5 除余 1 的数。

最后求是 4 与 5 的倍数而用 7 除余 1 的数。4 与 5 的最小公倍数是 $4\times5=20$，20

除以 7 余 6，$6\times6$ 除以 7 余 1，因而 $20\times6=120$，除以 7 余 1，120 是 4 与 5 的倍数且用 7 除余 1 的数。

利用 105、196、120 这三个数可以求出符合题目要求的解：

$105\times3+196\times2+120\times5=1307$。

由于 4、5、7 的最小公倍数是 $4\times5\times7=140$，1307 大于 140，所以 1307 不是合乎题目要求的最小的解。用 1307 除以 140 得到的余数是 47，47 是合乎题目的最小的正整数解。

一般地，$105m+196n+120k(1\leqslant m<4,1\leqslant n<5,1\leqslant k<7)$ 是用 4 除余 $m$、用 5 除余 $n$、用 7 除余 $k$ 的数；$(105m+196n+120k)$ 除以 140 所得的余数是满足上面三个条件的最小的正整数。

上面我们是为了写出 $105m+196n+120k$ 这个一般表达式才求出了 105 这个特征数。如果只是为了解答我们这个具体的例题，由于 $5\times7=35$ 既是 5 与 7 的倍数，除以 4 又余 3，就不必求出 105 再乘以 3 了。

$35+196\times2+120\times5=1027$ 就是符合题意的数。$1027=7\times140+47$，由此也可以得出符合题意的最小正整数解 47。

《算法统宗》中把在以 3、5、7 为除数的“物不知数”问题中起重要作用的 70、21、15 这几个特征数用几句口诀表达出来了，我们也可以把在以 4、5、7 为除数的问题中起重要作用的 105、196、120 这几个特征数编为口诀。这留给读者自己去编吧。

凡是三个除数两两互质的情况，都可以用上面的方法求解。

上面的方法所依据的理论，在中国称之为孙子定理，国外的书籍称之为中国剩余定理。





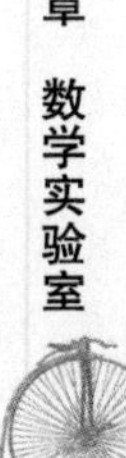

# 数形结合问题

## 圆上的格点问题

找一个直角坐标图纸，然后以原点为中心、1 单位长为半径画一个圆。你看到这个圆经过哪一些点？它们的 $x$ 坐标及 $y$ 坐标是整数吗？



你会看到圆经过了四个点，即 $(0,1)$，$(0,-1)$，$(-1,0)$ 和 $(1,0)$。

我们在数学上把这类平面上 $x$ 坐标及 $y$ 坐标都是整数的点称为整点，或者格点。

是否每次以原点为中心、以一个 $\sqrt{n}$ 数单位长为半径的圆都经过一些格点呢？看了以上的例子，你也许会说："一定会有一些格点在圆上。"

那么让我们看看这个结论是否正确。你可以以 $\sqrt{3}$ 为单位半径，以原点为中心画圆，看一看会有什么结果。

天啊！真是奇怪，怎么会没有格点落在圆上呢？是的，数学就是这样有趣的学问，问题的条件稍微有一点儿变化，整个结果就完全改变了。

由于以原点为中心、以 $\sqrt{n}$ 为半径的圆，在直角坐标平面上的方程是 $x^2+y^2=n$。因此问："以原点为中心、以 $\sqrt{n}$ 为半径的圆上是否有格点？"就等于问："代数方程 $x^2+y^2=n$ 是否有整数解？"

在 $n=4$ 或 5 时读者很容易可以找到它们的解，可是在 $n=6$ 或 7 时却无解了，$n=8$时却又有解。

再检验 $n=1,2,\cdots,8$，看到 $n$ 在 3,6,7 时是无解的。

现在看到 $6=3\times2, 7=4+3$，我们或许可以做下面的：

（猜测 A）当 $x^2+y^2=3k(k=1,2,\cdots)$，方程无整数解。

（猜测 B）当 $x^2+y^2=4k+3(k=1,2,\cdots)$，方程无整数解。

检验（猜测 A）看到当 $k=1,2,3,4,5$ 时方程真的是无整数解，很可能（猜测 A）是一个定理。你再对 $k=6$ 检验，这时你却发现 $(\pm3)^2+(\pm3)^2=18$，因此（猜测 A）是不对的。

（猜测 B）却真的是一个定理，用同余的性质很容易证明：由于 $4k+3$ 是奇数，所以 $x$ 和 $y$ 不能同时是奇数或偶数，理由是偶$^2$＋偶$^2$＝偶，奇$^2$＋奇$^2$＝偶。一定要 $x$ 和 $y$ 中，一个是奇数，另一个是偶数。假定 $x$ 是奇数，它被 4 除后余数可能是 1 或 3，即$x\equiv1\pmod 4$ 或 $x\equiv3\pmod 4$，因此 $x^2\equiv12\pmod 4$ 或 $x^2\equiv9\pmod 4$，即 $x^2\equiv1\pmod 4$。如果 $y$ 是偶数，则 $y^2\equiv0\pmod 4$。因此由同余性质可以知道 $x^2+y^2\equiv1\pmod 4$，所以 $x^2+y^2$ 应该是形如 $4t+1$ 的样子，而不会是形如 $4m+3$，这和假设矛盾。所以 $x^2+y^2=4k+3$ 不会有整数解。

# 变与不变

## 有趣的位置几何问题



有一种只研究图形各部分位置的相对次序而不考虑它们尺寸大小的几何学，叫作拓扑学，有时人们也称它是橡皮膜上的几何学。因为橡皮膜上的图形，随着橡皮膜的拉动，其长度、曲直、面积等等都将发生变化；但也有一些图形的性质保持不变，例如点变化后还是点，线变化后依旧是线，相交的图形绝不因橡皮膜的拉伸和弯曲而变得不相交！拓扑学专门研究诸如此类使图形在橡皮膜上保持不变的性质。在这种几何中，扭曲和拉长（但不包括撕开和接合）称为拓扑变换，图形在拓扑变换下保持不变的性质，称为图形的拓扑性质。

三角形和圆是两种截然不同的图形，但它们都是简单的封闭曲线。在拓扑变换下，三角形能变成圆，三角形的内部变成圆的内部，三角形的外部变成了圆的外部。也就是说，简单封闭曲线的内部和外部具有拓扑性质。

下图显示出画在一块矩形橡皮膜上的三角形被拉成了圆的情形。

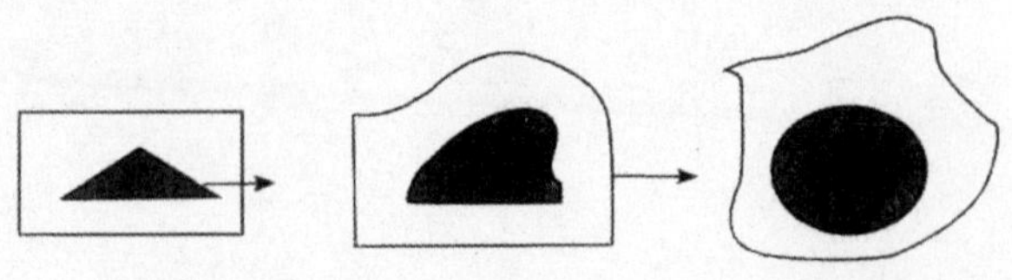

而从下面的三个图形可以想象出它们各自表示什么东西。在拓扑变换下，它们中的每一个图形都能变成另一个图形。

传说穆罕默德的继承人哈里发，为了挑女婿曾经给络绎不绝的求婚者出过这样一个题目：请用线把左下图中写有相同数字的小圆圈连接起来，但所连的线不许相交。

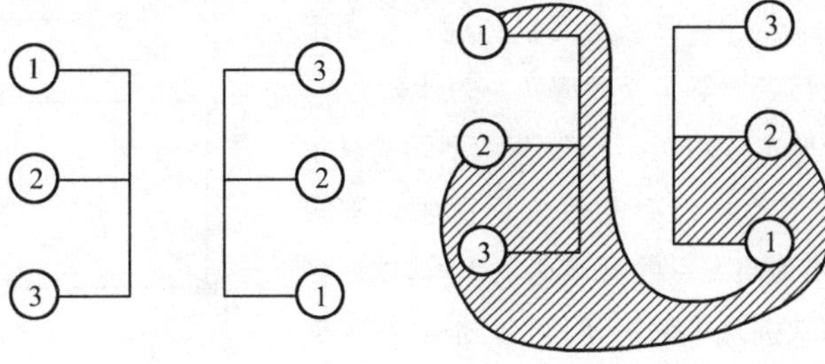


这个问题似乎很简单，但实际上没有一个求婚者能够如愿以偿。事实上，如右上图所示的方法，我们很容易把①－①、②－②连起来，从而得到一条简单的封闭曲线，这条曲线把整个平面分为内部（阴影部分）和外部这两个区域。其中一个③在内部区域，而另一个③却在外部区域。要想从封闭曲线内部的③画一条线与外部的③相连，而与已画的封闭曲线不相交，这是不可能的！

让我们用一个像下面那样的正方体做游戏，假设正方体的八个顶点表示均匀分布在地球上的八个城市，而每个城市都有三条路线与毗邻城市相连。某学者从 $A$ 城出发到 $C'$城考察，途中顺便到其他的六个城市旅游。要求这六个城市都只经过一次而最后到达 $C'$城。请画出他的旅行路线。

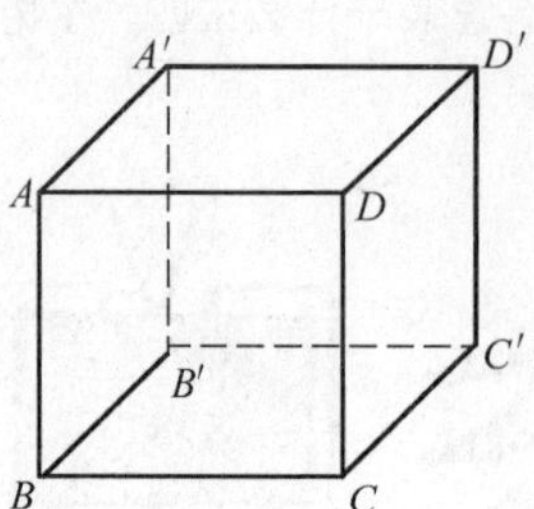


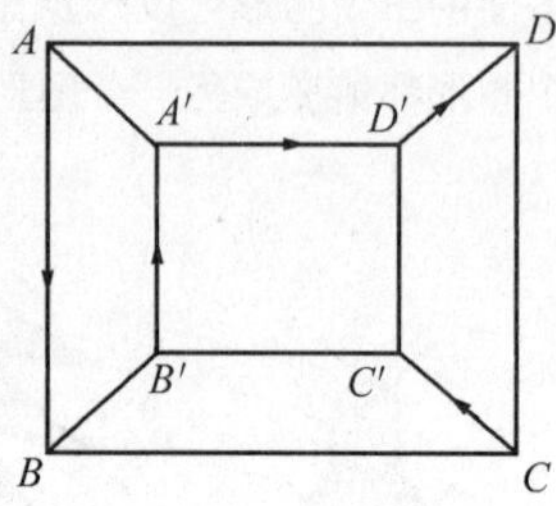


正方体拓扑平面图

要找出这条路线，最好是把它化为平面上的图形来考虑。为此，我们不妨设想这个正方体是由有弹性的橡皮薄膜制成的，再用剪刀沿着棱剪掉它的一个面，然后扯着这个缺口把它拉开铺平，就成为一个平面图形。这个图形叫作正方体拓扑平面图(上图)，图中的实线和箭头方向表示它的一种解答。

如果这个旅行者最后要到达的城市不是 $C'$ 而是 $D'$，那么他的旅行路线又是怎样的呢？要画出这条路线的任何尝试总是不会成功。为什么呢？



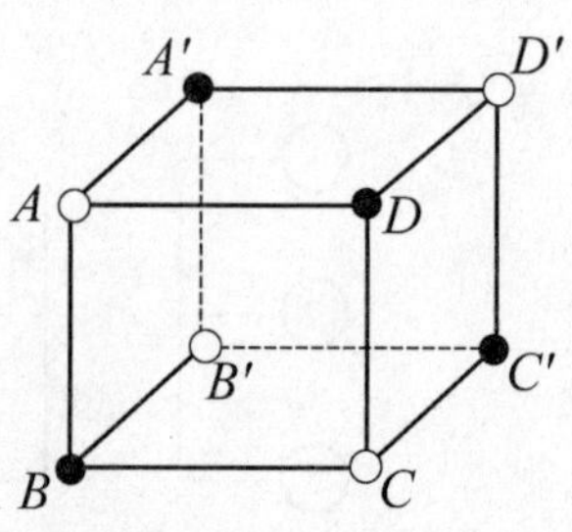


把这八个城市按右图所示用两种不同的颜色区分开，这样，每条棱连接的两个顶点颜色都不同，那么以 $A$ 点为出发点的城市为第 1 号，以后到达的各城市依次编为 2，3，…，8，可以知道：编为奇数的城市都应该是白色的，编为偶数的城市都应该是黑色的，作为最后到达的第 8 号城市当然是黑色的。可见，从 $A$ 城出发，以 $B'$、$D'$、$C$ 为终点，中途又要不重复地经过其他六个城市的路线都是不存在的。

# 生命不可实验<br>一个小数点与一场大悲剧

1967 年 8 月 23 日，苏联著名宇航员弗拉基米尔·科马洛夫驾驶着“联盟一号”宇宙飞船返航。当飞船返回大气层后，科马洛夫无论怎么操作也无法使降落伞打开以减慢飞船的速度。地面指挥中心采取了一切可能的措施帮助排除故障，但都无济于事。经请示中央，决定将电视实况向全国人民播放。电视台的播音员以沉重的语调宣布：“‘联盟一号’飞船由于无法排除故障，无法减速，两小时后将在着陆基地附近坠毁。我们将目睹宇航英雄科马洛夫遇难。”

人类进入太空飞行

科马洛夫的亲人被请到指挥中心，指挥中心的首长通知科马洛夫与亲人通话。科马洛夫控制着自己内心的激

动，说："首长，属于我的时间不多了，我先把这次飞行的情况向您汇报……"生命在一分一秒中消逝，科马洛夫目光泰然，态度从容，他整整汇报了几分钟。汇报完毕，国家领导人接过话筒宣布："我代表最高苏维埃向你致以崇高的敬礼，你是苏联的英雄，人民的好儿子……"当问及科马洛夫有什么要求时，科马洛夫眼含热泪地说："谢谢，谢谢最高苏维埃授予我这个光荣称号，我是一名宇航员，为祖国的宇航事业献身我无怨无悔！"

领导人把话筒递给科马洛夫的老母亲，母亲老泪纵横，心如刀绞，泣不成声，她把话筒递给了科马洛夫的妻子。科马洛夫给妻子送来一个调皮而又深情的飞吻，妻子拿着话筒只说了一句话："亲爱的，我好想你！"然后她就泪如雨下，再也说不出话来了。科马洛夫 12 岁的女儿接过话筒，泣不成声。科马洛夫微笑着说："女儿，你要坚强，不要哭。""我不哭。爸爸，你是苏联的英雄，我是你的女儿，我一定会坚强地生活。"刚毅的科马洛夫不禁落泪了，他叮嘱孩子："要记住这个日子，以后每年的这个日子要到坟前献一朵花，向爸爸汇报学习情况。"

永别的时刻到了——飞船坠地，电视图像消失，整个苏联一片肃静，人们纷纷走上街头，向着飞船坠毁的地方默默哀悼。



读到这里，你是否被这悲壮的场面所感染了？"联盟一号"当时发生的一切，就是因为地面检查时，忽略了一个小数点。让我们记住这个小数点所酿成的大悲剧吧！让我们以更加严谨的态度对待学习和科学，以更加认真的态度对待工作和生活。

# 最早的智力玩具
# 来自古老中国的难题

中国是一个伟大的文明古国，它为世界数学的发展做出过巨大的贡献。中国古老的智力游戏和古典数学玩具，如九连环、七巧板、华容道、鲁班锁、四喜人等把数学和游戏玩具结合起来，对于提高玩具品位、开发思维智力具有独特的功能。西方人有时将它们统称为“中国的难题”。这些难题涉及了数学中的几何学、拓扑学、图论、运筹学等多门学科。著名英国皇家学会会员李约瑟博士在《中国科学技术史》中，称七巧板是“东方最古老的消遣品之一”。日本《数理科学》杂志将华容道称为“智力游戏界三大不可思议之一”。国外称九连环为“中国环”，称鲁班锁为“六根刺的刺果拼凑难题”。美国智力大师马丁·加德纳认为西方著名的智力玩具“驴的魔术”的灵感来自中国的“四喜人”。由此可见中国古典智力玩具对世界的巨大影响和世界对中国古典数学玩具的重视。下面，我们就做一些简单介绍。

## 巧妙的拼板游戏

拼板是中国古老的益智玩具之一，其中最著名的是七巧板。国外称它为“唐图”，是世界公认的中国优秀智力游戏代表作。古人尚七，用七块板来拼图恰到好处。清人童叶庚对古代七巧板和

“十三只做式图”(即蝶几图)进行研究后，取长补短，产生“环视为圆，合矩成方，千变万化，十色五光”的方案，制成十五巧板，取名“益智图”，此名缘起为“足开发心思”之意。益智图中的15块分割源于《易经》的卦与爻:一元、两仪、四象、八卦。卦中又分乾、坤、巽、震、坎、离，“合阳九阴六得十五之数”。

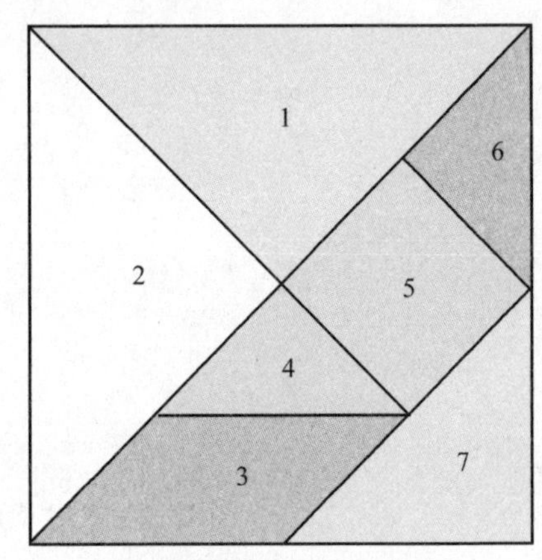

七巧板示意图

在拼图玩具家族中，除了以上两种典型的玩具之外，还有四巧板、五巧板、九巧板、十巧板、十二巧板、十四巧板、十六巧板、百巧板等。十六巧板是著名游戏专家秦立新发明的新型拼板，曾获国家发明奖。2000年9月9日，他曾用这种拼板拼出时任国家主席江泽民致时任国际奥委会主席萨马兰奇先生的信，表达他对申奥的迫切心情。这些拼板，板块数量不同，形状也多有区别，这就为拼板家族增添了无限光彩，为游戏平添了无穷乐趣。



中国1813年出版的《七巧图合璧》中说的“七巧源出于勾股法”，这是最早将七巧玩具与数学相联系的记载。我们可以用两副相同的七巧板来巧妙地求证勾股定理。而勾股法的基础是“矩”。早年山东出土的武氏祠汉代墓室画像中就有伏羲执矩、女娲执规的形象。有的学者认为，七巧板源于后汉数学家作出的弦图。曾有一届国际数学家大会的会标即为中国古老的弦图。

七巧板的几种拼法

七巧板玩具的直接形成，来自古代家具“几”。宋代黄伯思作《燕几图》，燕几即宴几，它由6张几组成，可以根据宴客人数拼出各种形状。明朝严澄改进了燕几图，拼板由6块改成了13块，图形也不再是方形，而是三角形和梯形了，称作“蝶几图”。蝶几图拼出的图案比燕几图更多，稍作改进就成了七巧板。

七巧板是数学与艺术的结晶，历代文人常将拼排的佳作编谱出版，从清嘉庆年间到民国初年就有六种拼排图谱出版。七巧板深得古人尤其是古代妇女的喜爱。清宣宗孝全成皇后曾用七巧板拼出“六合同春”四字，清末画家吴友如还画有仕女玩七巧板的风俗画《天然巧合》。

七巧板约从18世纪开始流传到国外，先是日本、朝鲜，随后是欧美。1742年日本出版的《清少纳言智慧板》中介绍了七巧板。1805年欧洲出版的《新编中国儿童谜解》介绍了24幅七巧板图谱。1813年以后，英、美、德、意、法、俄等，都出版了有关七巧板的图书。许多世界名人，如拿破仑、爱伦・坡、安徒生等都热衷于玩七巧板。

20世纪30年代，日本数学家曾提出一个论题：用一副七巧板能拼出多少个不同的凸多边形？1942年，我国浙江大学两位数学家在《美国数学月刊》上发表答案是最多13种。智力专家周伟中给出了这13种形状的300多种拼法。

## 奇妙的中国环

国外将中国的环类玩具统称为“中国环”，九连环是各种巧环玩具的代表。中国巧环玩具品种繁多，从解一个环到解多于九个环，不计其数，形状材料也是千奇百怪，但其玩法的理论基础都是数学中的拓扑原理。



李约瑟博士认为，九连环起源于算盘，这一论断有待考证。关于它的发明，我国有许多民间传说。最早记载这种玩具的典籍是《战国策》。其中提到秦始皇派使臣入齐时，带有一种玉连环。宋朝周邦彦《解连环》词中，就有“信妙手，能解连环”之句。九连环的定型大约与中国古代以“9”作为“阳数之极”有关。它流传之后，尤受妇女的喜爱。古典小说《红楼梦》中就有黛玉在宝玉房中玩九连环的描写。

清末女子玩解连环游戏

九连环早在16世纪时传到国外。一位叫卡尔达诺夫的数学家在1550年出版的著作中就提到了九连环。旧上海明信片中还有母子玩九连环图，明信片于1909年5

月 25 日从上海寄往英国,可以作为九连环外传的证据。

连环玩具千姿百态,从结构上大约可以分作摘套、摘环、解绳、交错、翻花和综合六大类。摘套玩具的玩法是将套子从环中脱出。摘环玩具是将其中的环解出来。解绳玩具是要将绳结中的环解出来。交错玩具是部件互相交错,玩法是将它们分开。九连环看似复杂,但只要掌握了诀窍就不难解出。关于解九连环脱步数计算法,早在 1958 年出版的《巧环》一书中就总结出了公式:$Rn = 3(2n - 1)$,其中 $n$ 代表环数,$Rn$ 代表脱步数。

## 鲁班锁的奥妙

传说春秋时代鲁国工匠鲁班为了测试儿子是否聪明,用六根木条制作了一件可拼可拆的玩具,叫儿子拆开。儿子忙碌了一夜,终于拆开了。这种玩具被后人称作鲁班锁。其实这只是一种传说。鲁班锁亦称孔明锁、别闷棍、六子连方、莫奈何、难人木等。它起源于中国古代建筑中首创的榫卯结构。

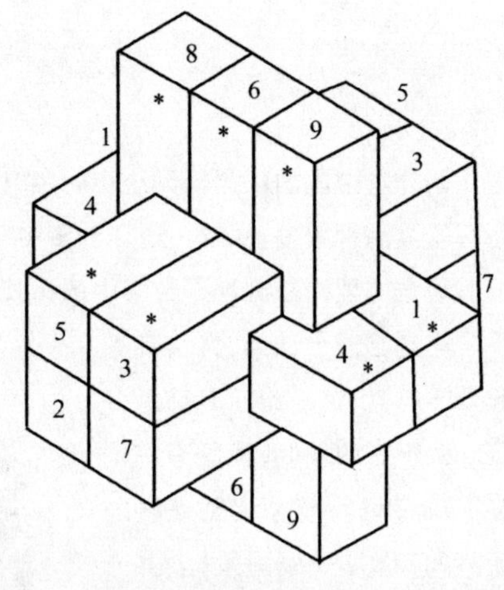

鲁班锁

清代桃花仙馆主所著《鹅幻汇编》一书中,详细介绍了“六子连方”。书中称它“乃益智之具,若七巧板、九连环然也。其源出于戏术家”。六根短木分别冠以六艺,中间有缺,以缺相合,做十字双交形。我国民间匠人利用鲁班锁结构制出多种工艺品,如绕线板、筷子筒、烛台、健身球等。另外,近代还有用塑料和木材制造的组合球、组合马、魔方锁扣和镜框等。智玩专家秦筱春致力于鲁班锁的创新,他将传统的六柱式鲁班锁改进为七柱式、八柱式、九柱式、十柱式、十一柱式、十二柱式,乃至十五柱式,并因此获国家专利。鲁班锁锁锁相连,成了新的组合,秦筱春创作的“井字连方”“连方塔”就是用多个鲁班锁连接而成的。河北安平农民李铁墩甚至用数百个鲁班锁制成了“万啃塔”。这种连接不是简单的堆接和胶接,而是带缺口的复杂插接。

据美国智力大师马丁·加德纳考证,鲁班锁约在几百年前传到外国,1857 年美国出版的《魔术师手册》中就提到了这种玩具。加德纳还采用单元分割法来标示缺口，指出理论上的4096种样式。英文中常用burr(刺果)来称呼鲁班锁，全称是Six-piece burr puzzle，意为“六根刺的刺果拼凑难题”。

中外艺术家都想到用鲁班锁结构来创作雕塑艺术品。中国的秦筱春为北京金融中心设计了《噬嗑》，结构为卦形，寓意“汇通天下，成为世界金融中心”。西班牙雕塑家贝罗卡利用鲁班锁结构创作了许多举世闻名的杰出作品，如《米歇尔像》《小型玛丽来像》《向毕加索致敬》等。

## 费思量的华容道

华容道的故事出自古典小说《三国演义》，说的是刘备和孙权联合，在赤壁之战中把曹操杀了个片甲不留，曹操只带了十余人马，沿华容小道落荒而逃。埋伏在小道上的关羽念曹操旧情，使他得以逃出华容道。

后来这个故事成了中国古代一种图形移位玩具的名称。这种玩具是要将一块大图块通过空位移到出口，和华容道故事有些相似。后来其根据不同时代的特点叫法不一，有叫“关羽放曹”，有叫“曹操逼走华容道”，也有叫“鲁智深冲出五台山”“赶走纸老虎”“敢把皇帝拉下马”“船坞排档”的，等等。

华容道玩具到底定型于何时，目前尚无考证材料。中国最早研究这种玩具的是西北工业大学教授姜长英，他在1949年出版的《科学消遣》一书中，列有“华容道”内容。他说，最早看到华容道玩具实物是在20世纪40年代的上海。1952年，数学家许莼舫在《数学漫谈》一书中也提到了华容道。1956年武汉出版的《数学通讯》上发表过这种游戏的征解文章。20世纪80年代，一些媒体组织过华容道比赛，同时有一些专著出版。

华容道的诞生，有一个发展演变过程，其雏形应首推中国唐宋时代风行的重排九宫游戏。九宫游戏的起源，可以追溯到远古时代的八卦、河图和洛书，河图和洛书是数学里的三阶幻方，中国古代叫“纵横图”。唐宋时代的数学书中记载有许多纵横图的排法，在此基础上就产生了重排九宫游戏。北京益智玩具专家余俊雄将这种游戏设计成名为“八仙过海”的玩具。毛鹏则将重排九宫游戏与魔方相结合，创制了中华梦幻魔方玩具。

华容道玩具经过多年传播得以定型，其典型样式包括棋盘和棋子两部分，棋盘有20个方格，棋子共10枚，分别占1、2、4个方格，其中最大的一枚棋子被命名为曹操，

中号的 5 枚棋子为刘备的“五虎上将”，小号的 4 枚棋子是兵。玩法是通过棋盘的 2 个空格将曹操移到出口。

华容道的棋子布局形式多种多样，典型样式为“横刀立马”。名称来历是关羽棋子横着放，关羽武器为刀，故名“横刀”；马超棋子立着放，故名“立马”。一般玩法是要求用最少步数使曹操走到出口。据资料介绍，日本的藤村幸三郎在《数理科学》杂志上发表了 85 步解法，后来清水达雄减到 83 步，美国的马丁·加德纳又减到 81 步。据说当年新四军战士们在休息时也经常玩这种玩具，也得到 81 步的解法。这是最少的步数，也是不可再减的纪录。华容道除了“横刀立马”典型布局外，还有其他布局，多达数百种。

华容道游戏棋盘



中国古老移图游戏大约在元朝时经中亚传到欧洲。1914 年美国智力大师山姆·劳埃德在《趣题大全》一书中，就引进了《中国的文字转换趣题》，这实际上也是一种移图玩具。西方 19 世纪末广为流行的“移动十五”游戏就是在中国的“重排九宫”基础上发明的。华容道吸收了“重排九宫”和“移动十五”玩具的优点，采取了移动十块图形的方案，所以英文中将华容道称作 Chinese Sliding Block（中国滑块难题）。

# 第三章 数学与生活

数学是人类最高超的智力成就，也是人类心灵最独特的创作。音乐能激发或抚慰情怀，绘画使人赏心悦目，诗歌能动人心弦，哲学使人获得智慧，科学可改善物质生活，但数学能给予以上的一切。

——［德］克莱因

不管数学的任意分支是多么抽象，总有一天会应用在这实际世界上。

——［俄］罗巴切夫斯基

# 欧洲代数复兴数学史上的一场论战

中世纪的欧洲，代数学的发展几乎处于停滞状态，其真正起步，始于一场震动数学界的论战。

大家知道，尽管在古代巴比伦或古代中国，人们都已掌握了某些类型一元二次方程的解法。但一元二次方程的公式解法，却是由阿拉伯数学家阿尔・花剌子米于820年给出的。花剌子米是把方程

$$x^2+px+q=0$$

配方后改写为$(x+\frac{p}{2})^2=\frac{p^2}{4}-q$的形式，从中得出了方程的两个根为$x=-\frac{p}{2}\pm\sqrt{\frac{p^2}{4}-q}$。

在欧洲，被誉为"代数学鼻祖"的古希腊数学家丢番图，虽然也曾得到过类似的式子，但由于丢番图认定只有根式下的数是一个完全平方数且根为正数时，方程才算有解，所以数学史上人们都认为阿尔・花剌子米是求得一元二次方程一般解的第一人。

花剌子米之后，许多数学家都致力于三次方程公式解的探求，但在数百年漫漫的历史长河中，除了取得个别方程的特解外，始终没有人取得实质性进展，许多人因此而怀疑这样的公式解根本不存在！

当时意大利的博洛尼亚大学，有一位叫费洛的数学教授，也潜心于三次方程公式解这一当时世界难题的研究。功夫不负有心人，他终于取得了重大突破。1505 年，费洛宣布自己已经找到了形如 $x^3+px+q=0$ 方程的一个特别情形的解法，但他没有公开自己的成果，为的是能在一次国际性的数学竞赛中一放光彩。遗憾的是，费洛没能等到一个显示自己才华的机会就抱憾逝去，临死时他把自己的方法传给了得意门生——威尼斯的佛罗雷都斯。

现在话转另外一头。在意大利北部的布里西亚，有一个颇有名气的年轻人叫塔塔利亚。此人天资聪慧，勤奋好学，在数学方面表现出超人的才华。尤其是他发表的一些论文，思路奇特，见地高远，因而一时间闻名遐迩。

塔塔利亚

塔塔利亚自学成才自然受到了当时一些人的歧视。1530 年，歧视塔塔利亚的一些人，公开向他发难，提出了以下两道具有挑战性的问题：



(1) 求一个数，其立方加上平方的 3 倍等于 5。

(2) 求三个数，其中第二个数比第一个数大 2，第三个数又比第二个数大 2，它们的积为 1000。

读者不难知道，对第一个问题，若令所求数为 $x$。则依题意有：$x^3+3x^2=5$。

而对第二个问题，令第一个数为 $x$，则第二、三个数分别为 $x+2$，$x+4$，于是依题意有：$x(x+2)(x+4)=1000$，化简后为 $x^3+6x^2+8x-1000=0$

以上是两道三次方程的求解问题。塔塔利亚求出了这两道方程的实根，从而赢得了这场挑战，并因此名声大震！

消息传到博洛尼亚，费洛门生佛罗雷都斯心中顿感震怒，他无法容忍一个难登大雅之堂的小人物与他平起平坐！于是双方商定，1535 年 2 月 22 日，在意大利的米兰公开举行数学竞赛，各出 30 道问题，两小时内决定胜负。

赛期渐近，塔塔利亚因自己毕竟是自学出山而感到有些紧张。他想，佛罗雷都斯是费洛的得意弟子，难保他不会拿解三次方程来对付自己，那么自己所掌握的一类方法与费洛的解法究竟相差多远呢？他苦苦思索着，脑海中不断进行着各种新的组合，这些新组合撞击出灵感的火花。在赛前八天，塔塔利亚终于找到了解三次方程的新方法。为此他欣喜若狂，并充分利用剩下的八天时间，一面不断演练自己的新方法，一面精心设计了30道只有运用新方法才能解出的问题。

2月22日那天，米兰大教堂内人头攒动，热闹非凡，大家翘首等待着竞赛的到来。比赛开始了，双方所出的30道题都是令人目眩的解三次方程问题。但见塔塔利亚从容不迫，运笔如飞，在不到两小时的时间内，解完了佛罗雷都斯的全部问题。与此同时，佛罗雷都斯提笔拈纸，望题兴叹，一筹莫展，最终以0:30败下阵来！

消息传出，数学界为之震动。米兰市里有一个人坐不住了，他就是当时驰名欧洲的医生卡当。卡当不仅医术高明，且精通数学，他还潜心于三次方程的解法，但无所获。所以，听到塔塔利亚已经掌握三次方程的解法时，他满心希望能分享这一成果。然而当时的塔塔利亚已经誉满欧洲，所以并不打算把自己的成果立即发表，而是醉心于完成《几何原本》的巨型译作，对众多的求教者则一概拒之门外。当过医生的卡当，熟谙心理学的要领，就软缠硬磨，终于使自己成了唯一的例外。1539年，塔塔利亚终于同意把解题方法传授给他，但有一个条件，就是严守秘密。然而，卡当并没有遵守这一诺言。1545年，他用自己的名字发表了《大法》一书，书中介绍了不完全三次方程的解法，他还写道：

“大约四十年前，博洛尼亚的费洛就发现了这一法则，并传授给威尼斯的佛罗雷都斯，后者曾与塔塔利亚进行过数学竞赛，塔塔利亚也发现了这一方法。在我的恳求下，塔塔利亚把方法告诉了我，但没有给出证明，借助于此，我找到了若干证明，因其十分困难，特叙述如下。”

卡当指出，对不完全三次方程 $x^3+3x^2=5$，$x^3+px+q=0$，

$$x=\sqrt[3]{-\frac{q}{2}+\sqrt{\frac{q^2}{4}+\frac{p^3}{27}}}+\sqrt[3]{-\frac{q}{2}-\sqrt{\frac{q^2}{4}+\frac{p^3}{27}}}$$

《大法》发表第二年，塔塔利亚发表了《种种疑问及发明》一文，谴责卡当背信弃义，并要求在米兰与卡当公开竞赛，一决雌雄。然而，比赛那一天，出阵的并非卡当本人，而是他的天才学生斐拉里。此时的斐拉里，风华正茂，思维敏捷，他不仅掌握了解三次方程的全部要领，而且发现了一般四次方程的极为巧妙的解法。塔塔利亚自然不是他的对手，狼狈败阵，并因此番挫折，心神俱伤，于1557年溘然与世长辞！

没想到，正是这场震动数学界的论战，使沉寂了多年的欧洲代数学，开始了划时代的新篇章！

# 简单的运筹学实践

## 丁谓施工



熊熊的大火吞噬了雄伟巍峨的宫室楼台，吞噬了金碧辉煌的殿阁亭榭……几天几夜之后，那里变成了一片断壁残垣。这是1015年发生在北宋皇宫里的一场罕见的大火。面对废墟，宋真宗叹息道："没有皇宫，如何上朝，如何议政，如何安居呢？"他叫来宰相丁谓(966—1037)，令他负责皇宫的修建工作。

丁谓接受任务后，在废墟上走来走去。他为遇到的三件难办的事而感到苦恼：一是重建皇宫需要很多泥土，可是京城中空地很少，取土要到郊外去挖，路途遥远，得花很多的劳力；二是修建皇宫的大批建筑材料，需要从外地运来，而汴河在郊外，离皇宫很远，从码头运到皇宫还需要很多人搬运；三是清理废墟后，很多碎砖破瓦等垃圾运出京城同样很费事。

在临时搭的一个小木棚前，丁谓见一个小姑娘在煮饭，趁饭还没煮熟，她又缝补起被火烧坏的衣服。丁谓想："她倒真会利用时间呀！"忽然他灵机一动：办事情要达到高效率，就要时时处处统筹兼顾，巧妙安排好财力、物力、人力和时间。经过周密思考，他提出了一个科学的方案：先叫工人们在皇宫前的大街上挖深沟，挖出来的泥土作为施工用土，这样就不必到郊外取土了。过了一些时候，施工用土充足了，而大街上出现了一条宽阔的深沟。

"哗哗哗"，忽然一股汹涌的河水，从汴河河堤的缺口处奔涌出来，流向深沟之中。等深沟的水和汴河中的水位一样时，一只只竹排、木筏及装运建筑材料的小船缓缓地撑到皇宫前。丁谓站在深沟前捋着胡子笑了。是的，他没费多大力气，就一举解决了两道难题。

一年后，宏伟的宫殿和玲珑的亭台楼阁修建一新。这一天，汴河河堤的缺口被堵住了，深沟里的水排回汴河之中。待深沟干涸后，一车车、一担担瓦砾灰土回填到深沟之中，一条平坦宽敞的大路重又静静地躺在皇宫之前……

简单归纳起来是这样一个过程：挖沟（取土）→引水入沟（水道运输）→填沟（处理垃圾）。按照这个施工方案，不仅节约了许多时间和经费，而且使工地秩序井然，城内的交通和生活秩序不受施工太大的影响，确实是既科学又简便节约的施工方案。

# 沙罗周期
## 漫谈日月食

日食和月食是两种重要的天文现象，古人由于不了解这些自然现象，误把它们当成灾难的预兆。所以当这些现象出现时，就表现得惊慌失措，惶恐不安！



据史书记载，大约公元前 6 世纪，希腊的吕底亚和米堤亚两国，兵连祸结，双方恶战五载，胜负未分。到了第六个年头的一天，双方正在猛烈激战，忽然天昏地暗，黑夜骤临！战士们以为冒犯神灵，触怒苍天，于是顿然醒悟，双方即刻抛下武器，握手言和！后来天文学家帮助历史学家确定了那次战事发生的时间：公元前 585 年 5 月 28 日午后。

另一个传说是，航海家哥伦布在牙买加的时候，当地的加勒比人企图将他和他的随从饿死。哥伦布则对他们说，如果他们不给他食物，他就不给他们月光！结果那天夜里月食一开始，加勒比人便投降了！现在，人们已经查证到故事发生的时间是：1504 年 5 月 1 日。

其实日食、月食只是日、月、地三种天体运动造成的结果。月亮绕地球转，地球又绕太阳转，当月球转到了地球和太阳的中间，且这三个天体处于一条直线时，月球挡住了太阳光就发生日食；当月球转到地球背着太阳的一面，且这三个天体处于一条直线时，地球挡住了太阳光就发生月食。

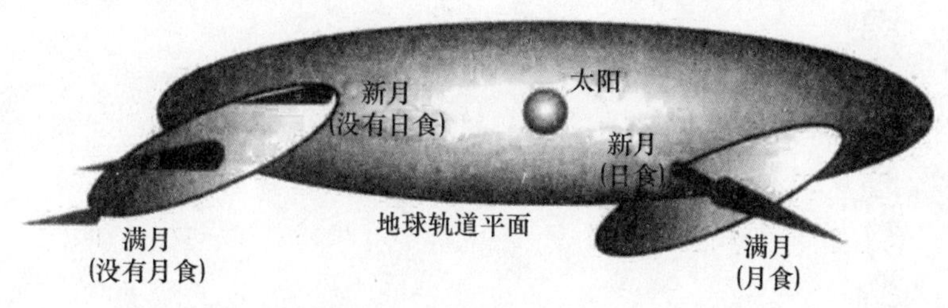


沙罗周期示意图

但是，由于月球的轨道平面并不在地球绕太阳转动的平面上，因此月球每次从地球轨道平面的一侧穿到平面的另一侧去，便与这个平面有一个交点。这样的交点有一个在地球轨道内，称内交点；另一个在地球轨道外，称外交点。月球从内交点出发又回到内交点的周期被称为交点月，为 27.2123 天。

很明显，日、月食的发生必须同时具备两个条件，缺一不可：一是月亮恰在内外交点处；二是日、月、地三者共一线，即必须是新月或满月。以上条件表明，如果某日恰好发生日食或月食，那么隔一段周期之后，日食和月食的情景会重演，这段周期恰好是交点月和朔望月的倍数。

为了求朔望月和交点月的最小公倍数，我们把它们的比展成连分数 $\frac{295306}{272123}=1+\frac{1}{11}+\frac{1}{1}+\frac{1}{2}+\frac{1}{1}+\frac{1}{4}+\frac{1}{2}+\frac{1}{9}+\frac{1}{1}+\frac{1}{25}+\frac{1}{2}$考虑渐近分数 $1+\frac{1}{11}+\frac{1}{1}+\frac{1}{2}+\frac{1}{1}+\frac{1}{4}=\frac{242}{223}$，而 $223\times29.5306$ 天 $=6585$ 天 $=18$ 年 11 天。这个交食(日食、月食的总称)的周期称为沙罗周期，“沙罗”就是重复的意思。有了这个周期，你也可以当一个小小的预测家了！

# 抽屉原理 揭开电脑算命的真相



“电脑算命”看起来挺玄乎，只要你报出自己出生的年、月、日和性别，一按按键，屏幕上就会出现所谓性格、命运的句子，据说这就是你的“命”。其实这充其量不过是一种电脑游戏而已。我们用数学上的抽屉原理很容易说明它的荒谬。

抽屉原理又称鸽笼原理或狄利克雷原理，它是数学中证明存在性的一种特殊方法。举个最简单的例子，把三个苹果按任意的方式放入两个抽屉中，那么一定有一个抽屉里放有两个或两个以上的苹果。这是因为如果每一个抽屉里最多放有一个苹果，那么两个抽屉里最多只放有两个苹果。运用同样的推理可以得到：

原理1：把多于 $n$ 个的物体放到 $n$ 个抽屉里，则至少有一个抽屉里有2个或2个以上的物体。

原理2：把多于 $mn$ 个的物体放到 $n$ 个抽屉里，则至少有一个抽屉里有 $m+1$ 个或多于 $m+1$ 个的物体。

如果以 70 年计算，按出生的年、月、日、性别的不同组合数应为 $70 \times 365 \times 2 = 51100$，我们把它作为“抽屉”数。如果按 11 亿人口计算，我们把它作为“物体”数。由于$1.1 \times 10^9 = 21526 \times 51100 + 21400$，根据原理 2，就存在 21526 个以上同一天出生的人，尽管他们的出身、经历、天资、机遇各不相同，但他们却具有完全相同的“命”，这真是荒谬绝伦！

在我国古代，早就有人懂得用抽屉原理来揭露生辰八字之谬。如清代陈其元在《庸闲斋笔记》中就写道：“余最不信星命推步之说，以为一时（指一个时辰，合两小时）生一人，一日当生十二人，以岁计之，则有四千三百二十人，以一甲子（指六十年）计之，止有二十五万九千二百人而已。今只一大郡以计，其户口之数已不下数十万人（如咸丰十年杭州府一城八十万人），则举天下之大，自王公大人以至小民，何啻亿万万人，则生时同者必不少矣。其间王公大人始生之时，必有庶民同时而生者，又何贵贱贫富之不同也?”在这里，一年按 360 日计算，一日又分为 12 个时辰，得到的抽屉数为 $60 \times 360 \times 12 = 259200$。

所谓“电脑算命”不过是把人为编好的算命语句像中药柜那样事先分别存放在各自的柜子里，谁要算命，即根据出生的年、月、日、性别不同的组合按不同的编码机械地到电脑的各个“柜子”里取出所谓命运的句子。这种把古代迷信的亡灵附上现代科学光环的勾当，是对科学的亵渎。

# 概率论的诞生

## 赌金风波的意外收获



1494 年，意大利出版了一本有关计算技巧的教科书，作者帕奇欧里提出了以下问题：假如在一场比赛中胜六局才算赢，那么，两个赌徒在一个胜五局、另一个胜两局的情况下中断赌博，赌金该怎样分？帕奇欧里本人的看法是，应按照 5 与 2 的比把赌金分给他们两人才算合理。

后人对帕奇欧里的分配原则表示怀疑，觉得有些不公平。他们举例说：如果一场比赛需要胜 16 局才算赢的话，那么，当两个赌徒中一个已胜 15 局，另一个才胜 12 局的情况下，赌博被迫中断，该怎么分赌金呢？这时场上的形势是：已经胜 15 局的赌徒胜券在握，只要再胜一局，就可得到全部赌金；而另一名赌徒却需要连胜 4 局才行。可是按帕奇欧里的分配原则，他们两人所分的赌金应当是15∶12 = 5∶4。显然这种分配原则是不公平合理的。然而，当时没有人找到更合适的办法。

半个世纪以后，曾以发表三次方程的求解公式而闻名于世的意大利数学家卡当讨论了一个类似的问题。他发现，需要分析的不是已经赌过的次数，而是剩下的次数。他想，在帕奇欧里的问题里，胜了5局的赌徒只要再赢一局，便可以结束整场的赌博。所以倘若比赛不中断的话，再赌下去只有五种可能，即他第一局胜，第二局胜，第三局胜，第四局胜或者所有四局输掉。卡当认为，总赌金应按照(1+2+3+4):1=10:1的比例来分配。实际上，这个结果是错的，后面我们将会看到正确答案是15:1。

1651年夏天，当时享誉欧洲、号称“神童”的数学家帕斯卡(1623—1662)，在旅途中偶然遇到了赌徒梅勒。梅勒是个贵族公子哥儿，他对帕斯卡大谈“赌经”以消磨旅途时光。梅勒还向帕斯卡请教一个亲身经历的“分赌金”问题。

帕斯卡

事情经过是这样的：一次梅勒和赌友掷色子，各押赌注32个金币，梅勒若先掷出三次“6点”，或赌友先掷出三次“4点”就算赢了对方。赌博进行了一段时间，梅勒已掷出了两次“6点”，赌友也掷出了一次“4点”。这时，梅勒奉命立即晋见国王，赌博只好中断。那么两人应该怎样分这64个金币的赌金呢？

赌友说，梅勒要再掷一次“6点”才算赢，而他自己若能掷出两次“4点”也就赢了。这样，自己所得应该是梅勒的一半，即得64个金币的1/3，而梅勒得2/3。梅勒争辩说，即使下一次赌友掷出了“4点”，两人也是秋色平分，各自收回32个金币，何况自己还有一半的可能得16个金币呢？所以他主张自己应得全部赌金的3/4，赌友只能得1/4。

公说公有理，婆说婆有理，梅勒的问题居然把帕斯卡给难住了。他为此苦苦思考了三年，终于在1654年悟出了一点道理。于是他写信把自己的想法告诉了好友——当时人称数坛“怪杰”的费马，两人对此展开了热烈的讨论。后来荷兰数学家惠更斯(1629—1695)也加入了探讨行列。最后，他们一致认为，梅勒的分法是对的！惠更斯还把他们讨论的结果，载入1657年出版的《论赌博中的计算》一书中。这本书

至今被公认为概率论的第一部著述。

梅勒的分法为什么是对的？帕斯卡和费马他们又是怎么想的？这一连串的疑团只有依靠了解更多概率论知识，才能一一解开。

事实上，帕奇欧里的问题中，在中断赌博之后所设想的四局比赛中，每局都有胜负两种可能，总共有 $2\times2\times2\times2=16$ 种可能。其中只有最后一种，即第一个赌徒四局全负时，第二个赌徒才可能赢。而其余 15 种情况都是输。因此，他们的赌金分配比例应当是 15:1。

赌金风波终于以概率论的诞生宣告平息。

帕斯卡

# 概率计算

## 彩票中奖的骗局

如果你刚刚转学到一个50人的班级，那么你完全可以信心十足地对班上所有新伙伴宣布："班级里一定有两个人的生日是相同的！"听到此话大家一定会惊讶不已！可能连你本人也会感到难以置信！因为首先，你对他们的生日一无所知；其次，一年有365天，而你们班上只有50人，难道生日会重合吗？但是，我告诉你，这是极可能发生的事。

为什么呢？原来，班上的第一位同学要与你生日不同，那么他的生日只能在一年365天中的另外364天，即生日选择可能性为$\frac{364}{365}$；而第二位同学，他的生日必须与你和第一位同学都不同，可能性为$\frac{363}{365}$；第三位同学应与前三人的生日都不同，可能性为$\frac{362}{365}$。如此类推，得到全班50名同学生日都不同的概率为$\frac{365\times364\times363\times\cdots\times316}{365^{50}}$，用计算器或

对数表细心计算，可得上式结果为：$P$(全不相同)$=0.0295$。

由于50人中有人生日相同和全不相同这两种情况，二者必居其一，所以$P$(有相同)$+P$(全不相同)$=1$，因而$P$(有相同)$=1-P$(全不相同)$=1-0.0295=0.9705$，即你的成功把握有97%，而失败的可能性不足3%，根据小概率原理，你完全可以断定这是不会在一次游戏中发生的。

近年来，在一些中小城镇可以看到一种“摸彩”的行当，这实际是一种赌博骗局，赌主利用他人的无知和侥幸心理，有恃无恐地把高额奖金设置在极小概率的奖项上。赌客纵然一试再试，仍不免一次次败兴而归，结果大把的钞票哗哗流进了赌主的腰包。

有人见过一个“摆地摊”的赌主，他拿了八个白、八个黑的围棋子，放在一个袋子里，然后对围观的人说，凡愿摸彩者，每人交一角钱作为“手续费”，然后一次从袋中摸出五个棋子，赌主将按地上铺着的一张“摸子中彩表”给“彩”。摸到五个白子得彩金2元，摸到四个白子得彩金2角，摸到三个白子得纪念品(约价5分)，其他共乐一次。



这种“摸彩”式赌博的规则十分简单，赌金也不大，所以招来了不少过往行人，一时围得水泄不通。许多青年不惜花一角钱去碰“运气”，结果自然扫兴者居多。

现在来计算一下摸到“彩金”的可能性：

$$P(\text{五个白子})=\frac{8}{16}\times\frac{7}{15}\times\frac{6}{14}\times\frac{5}{13}\times\frac{4}{12}\approx0.0128$$

$$P(\text{四个白子})=(\frac{8}{16}\times\frac{7}{15}\times\frac{6}{14}\times\frac{5}{13}\times\frac{8}{12})\times5\approx0.1282$$

$$P(\text{三个白子})=(\frac{8}{16}\times\frac{7}{15}\times\frac{6}{14}\times\frac{8}{13}\times\frac{7}{12})\times10\approx0.3589$$

现在按摸1000次统计。赌主“手续费”收入共100元，他可能付出的连纪念品在内的“彩金”是：$[P(\text{五个白子})\times2+P(\text{四个白子})\times0.2+P(\text{三个白子})\times0.05]\times1000=[0.0128\times2+0.1282\times0.2+0.3589\times0.05]\times1000=69.19$(元)。赌主可望净赚30元。

看了这个分析，读者们一定不会再怀着好奇和侥幸的心理，用自己的钱，去填“摸彩”赌主那永远填不满的腰包了吧！

# 斐波纳奇数列与生物规律

## 从兔子的繁殖规律说起

斐波纳奇是欧洲中世纪颇具影响的数学家，1170 年生于意大利的比萨，早年曾就读于阿尔及尔东部的小港布日，后来又以商人的身份游历了埃及、希腊、叙利亚等地，掌握了当时较为先进的阿拉伯算术、代数和古希腊的数学成果。经过整理研究和发展之后，他把它们介绍到欧洲。

1202 年，斐波纳奇的传世之作《算法之术》出版。在这部名著中，斐波纳奇提出了以下饶有趣味的问题：假定一对刚出生的小兔一个月后就能长成大兔，再过一个月便能生下一对小兔，并且此后每个月都生一对小兔。在一年内没有发生死亡的情况下，问一对刚出生的兔子，一年内能繁殖成多少对兔子？

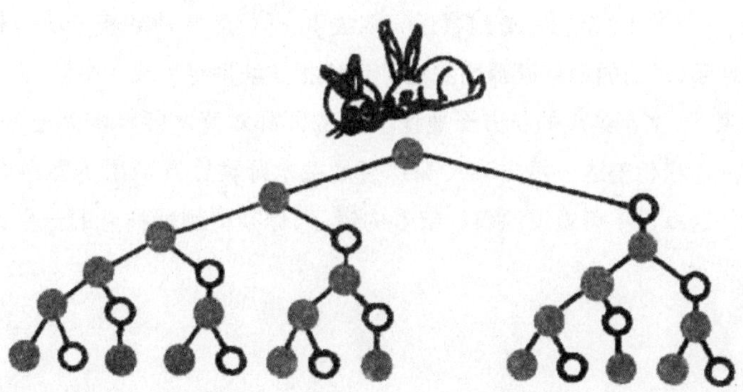





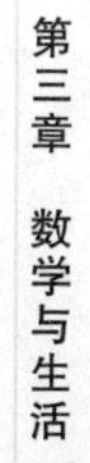

逐月推算,我们可以得到数列:

1,1,2,3,5,8,13,21,34,55,89,144,233…这个数列后来便以斐波纳奇的名字命名。数列中的每一项,则称为"斐波纳奇数"。第十三位的斐波纳奇数,即为一对刚出生的小兔一年内所能繁殖成的兔子的对数,这个数字等于233。

从斐波纳奇数列的构造明显看出,斐波纳奇数列从第三项起,每项都等于前面两项的和。假定第 $n$ 项斐波纳奇数为 $F_n$,于是我们有:

$$\begin{cases} F_1 = F_2 = 1, \\ F_{n+1} = F_n + F_{n-1} \quad (n \geqslant 2) \end{cases}$$

通过以上关系式,可以一步一个脚印地算出任意一个所需要的结果。不过,当 $n$ 很大时,推算是很费事的,必须找到更为科学的计算方法。为此,我们在以下一列数 $1,q,q^2,q^3,\cdots,q^{n-1}\cdots$ 中去求满足关系式 $F_{n+1}=F_n+F_{n-1}(n \geqslant 2)$ 的解答。

解上述 $q$ 的一元二次方程得:$q_1=\dfrac{1+\sqrt{5}}{2}$,$q_2=\dfrac{1-\sqrt{5}}{2}$ 。

据此,并结合 $F_1=F_2=1$,可确定 $\alpha,\beta$,从而可以求出:



$$F_n = \frac{1}{\sqrt{5}}\left[\left(\frac{1+\sqrt{5}}{2}\right)^n - \left(\frac{1-\sqrt{5}}{2}\right)^n\right]$$

以上公式是法国数学家比内首先求得的,通称比内公式。令人惊奇的是,比内公式中的 $F_n$ 是用无理数的幂表示的,然而它所得的结果却是整数。读者不信的话,可以找几个 $n$ 的值代进去试试看!

斐波纳奇数列有许多奇妙的性质,其中有一个性质是这样的:

$$F_n^2 - F_{n+1}F_{n-1} = (-1)^{n+1} \quad (n > 1)$$

有兴趣的读者,不难自行证明上述等式。

斐波纳奇数列的上述性质,常被用来构造一些极为有趣的智力游戏。例如,美国《科学美国人》杂志就曾刊载过一则故事:一位魔术师拿着一块边长为8英尺的正方形地毯,对他的地毯匠师朋友说:"请您把这块地毯分成四小块,再把它们缝成一块长13英尺、宽5英尺的长方形地毯。"这位匠师对魔术师算术之差深感惊异,因为两者之间面积相差达一平方英尺呢!可是魔术师竟让匠师用下面两图的办法达到了目的!这真是不可思议的事!亲爱的读者,你猜得到那神奇的一平方英尺究竟来自哪里吗?

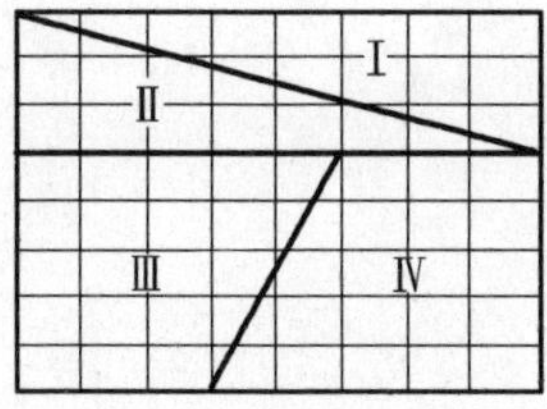


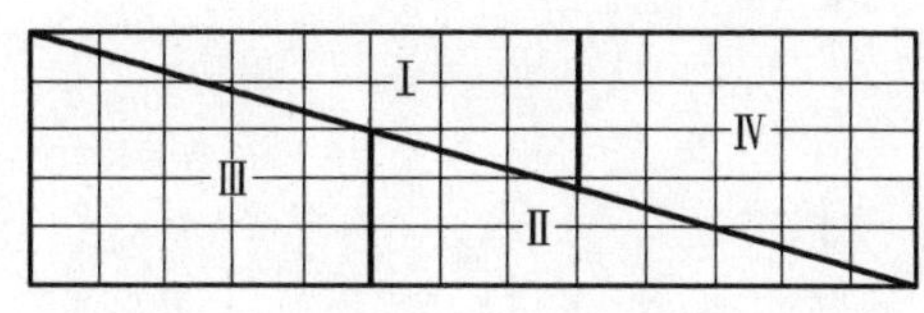


斐波纳奇数列在自然科学的其他分支,也有许多应用。例如,树木的生长。由于新生的枝条往往需要一段"休息"时间供自身生长,而后才能萌发新枝。所以一株树苗在一段间隔(例如一年)以后长出一条新枝,第二年新枝"休息",老枝依旧萌发;此后,老枝与"休息"过一年的枝同时萌发,当年生的新枝则次年"休息"。这样,一株树木各个年份的枝丫数,便构成斐波纳奇数列。这个规律就是生物学上著名的"鲁德维格定律"。

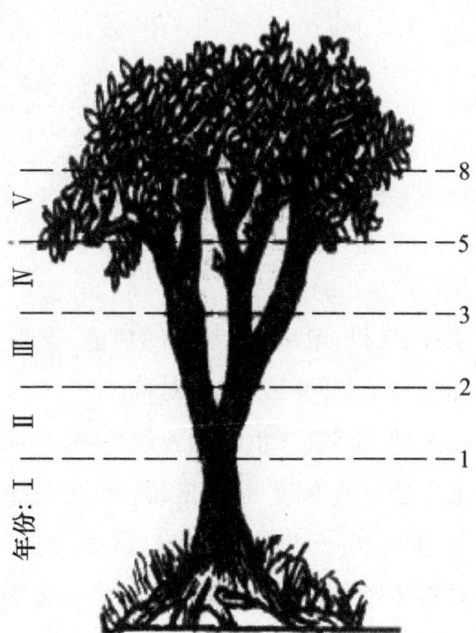






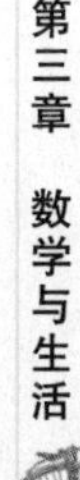

# 美妙的对称

闹钟、飞机、电扇、房屋等的功能、属性完全不同，但是它们的形状却有一个共同特性——对称。



在闹钟、屋架、飞机等的外形图中，可以找到一条线，线两边的图形是完全一样的。也就是说，当这条线的一边绕这条线旋转180°后，能与另一边完全重合。数学上把具有这种性质的图形叫作轴对称图形，这条线叫作对称轴。电扇的叶子不是轴对称图形，不管怎么画线，都无法找到这条直线。但电扇的一个扇叶，如果绕着电扇中心旋转180°后，会与另一个扇叶原来所在的位置完全重合。这种图形在数学上被称为中心对称图形，这个中心点被称为对称中心。显然闹钟也是一个中心对称图形。所有轴对称和中心对称图形，统称为对称图形。

人们把闹钟、飞机、电扇制造成对称形状，不仅为了美观，而且还有一定的科学道理：闹钟的对称保证了走时的均衡性，飞机的对称使飞机能在空中保持平衡。

对称也是艺术家们创造艺术作品的重要准则。像中国古代的近体诗中的对仗、民间常用的对联等，都有一种内在的对称关系。建筑艺术中对称的应用就更广泛了。中国北京整个城市的布局是以故宫、天安门、人民英雄纪念碑、前门为中轴线（对称轴）两边对称的。

对称还是自然界的一种生物现象。不少植物、动物都有自己的对称形式。比如人体就是以鼻尖、肚脐眼的连线为对称轴的对称体，眼、耳、鼻、手、脚、乳房都是对称生长的。眼睛的对称使人观看物体能够更加准确；双耳的对称能使所听到的声音具有较强的立体感，确定声源的位置；双手、双脚的对称能保持人体的平衡。

# 人体中的数字

## 健康指针

血压:120/80

胆固醇:180



低密度脂蛋白/ 高密度脂蛋白:179/47

甘油三酯:189

葡萄糖:80

体温:37°C

在今天的医学上,我们作为病人,经受着数字和比率的轰击。它们分析我们的健康,分析我们身体各器官的功能。医生们力图确定正常数值的范围,数字和数学随处可见。事实上,在我们的身体里,我们的心血管系统网络、被我们的身体用来引发动作的电脉冲、细胞相互联络的方式、骨骼的设计、基因的实际分子构造——这一切都具有数学原理。因此,在用数量表示人体功能的努力中,科学和医学就求助于数字和其他数学概念。例如,已经广泛应用的仪器设备,把身体的电脉冲转化成正弦曲线,从而使输出得以比较。心电图、肌电图、超声波诊断结果显示出来的是曲线的形状、振幅和相移,所有这些对于受过训练的技术人员都是判断的参考依据。数字、比率和坐标图是数学适用于我们身体的一些方面。现在来看看另外一些数学概念是怎样与身体相联系的。

如果你认为把密码和玛雅象形文字译解出来是富有刺激性和

挑战性的，你可以想象自己也能解开被用于身体通信的分子密码。目前，科学家已经发现白血球与大脑相联系，身心之间通过许多生物化学制品的总汇互相联络。译解这些细胞间的通信密码，将对医学产生惊人的影响，正像我们增加了对遗传密码的了解，正在揭示健康领域的许多细节一样。DNA 中双螺旋线的发现是另一个数学现象，但是螺旋线并不是存在于人体中唯一的螺线。等角螺线存在于许多关于生物生长的领域——可能因为它的形状不随生长而改变。你可以在头发、骨头、内耳的耳蜗、脐带，甚或你的指纹印迹的生长模式中找寻等角螺线。

身体的物理学和物理性质也能引出其他数学概念。身体是对称的，这有助于使它获得平衡和重心。脊柱的三条曲线除了实现平衡外，在健康方面和使身体获得体力以支撑自己的体重及其他负载方面都很重要。艺术家们，例如列奥纳多·达·芬奇和阿尔布雷希特·丢勒都试图表明身体符合各种不同的比例和量度，例如黄金分割。

听起来可能令人惊讶，混沌理论在人体中也有它的位置。例如，人们在心律不齐的领域里正在研究混沌理论。对于心搏以及使某些人的心搏不正常的原因研究说明，心搏看来是符合混沌理论的。此外，脑和脑波的功能以及脑失调的治疗也与混沌理论有关。

在分子层次上研究人体，也发现了数学的迹象。在侵入人体的各种病毒的形状和形式中，存在着几何形状，例如各种多面体和网格球顶结构。在艾滋病病毒(HIV-1)中，发现了二十面体对称和一个网格球顶结构。DNA构形中的纽结点已经促使科学家们用纽结理论中的数学发现去研究由DNA链所形成的环和纽结。纽结理论中的发现和来自各种不同几何学的概念已经被证明为遗传工程研究中的无价之宝。

科学研究与数学的结合，对于发现人体奥秘和分析人体功能来说，是非常必要的，也是非常有价值的。

## 混沌的美丽
# 鸟群运动模拟

当一群飞鸟和谐优美地从一个方向转到另一方向，或者从空中猛扑下来，你是否为之感动并产生疑问：这些鸟会不会相互碰撞？动物学家弗兰克·H.赫普纳想要得到这个问题的答案。对鸟群的运动方式进行了艰苦的摄影和研究后，赫普纳得出的结论是：这些鸟并没有领导者引路，它们在动态平衡的状态中飞行，鸟群前部的鸟以简短的时间间隔不断地更替着。在接触混沌理论和计算机之前，他无法解释鸟群运动。利用混沌理论的概念，赫普纳

加利福尼亚州阿普托斯的一群海鸥

现在已经设计出一种模拟鸟群的可能运动的计算机程序，确定了以鸟类行为为基础的四条简单规则：(1)鸟类或被吸引到一个焦点，或栖息。(2)鸟类互相吸引。(3)鸟类希望维持定速。(4)飞行路线因阵风等随机事件而变更。他用三角形代表鸟，变动每条规则的强度，可使三角形群以人们熟悉的方式在计算机监视器上飞过。赫普纳的模拟程序不一定能说明鸟群的飞行形式，但是它的确对鸟群运动的方式和原因提出了一种可能的解释。看来混沌理论又一次起作用了！

# 花园中的数学

## 数数看

日出时分，园丁来到她的花园，她招呼道："早上好！"她丝毫察觉不到在叶片和沃土中潜藏着奇妙的东西：作物根部深处有分形和网络，而在大波斯菊、蝴蝶花、金盏花和雏菊里面，斐波纳奇数列正凝视着她。

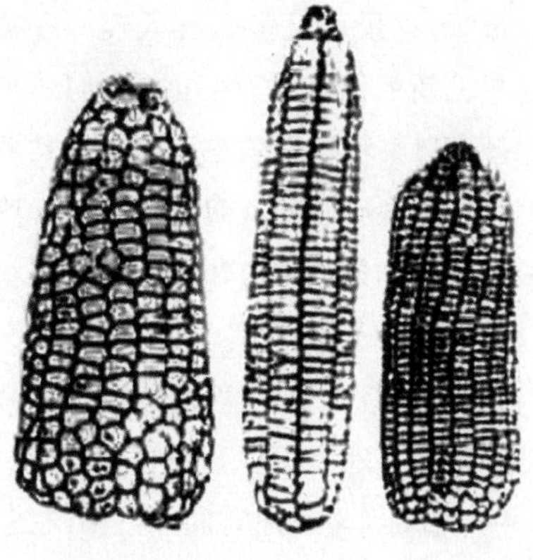

她像平时一样照料着她的花园，每到一处总会出现一些不平常的事情，但是她都忽视了，只迷恋于自然界呈现在表面上的美景。

她先去整理蕨类植物。她在把枯死的蕨叶除去、使新的提琴状头部露出时，并没有认识到等角螺线正在迎候着她，也没有注意到蕨叶的分形构造。当微风转向时，她猛然闻到了忍冬花的香气。放眼望去，她看到它已越过篱笆，伸入豌豆丛中。她断定确实需要将它仔细修剪一番。她不知道螺旋线正在起作用，即呈左手螺旋状的忍冬花藤已经缠绕在呈右手螺旋状的某些豌豆藤上了，需要用手

小心地把它们分开，防止它们损坏新种的豌豆。

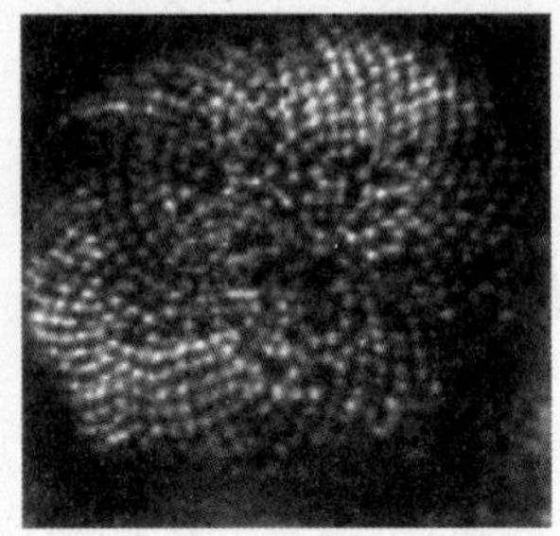

接着她来到为了使花园产生一点儿异国情调而种植的棕榈树下面除草。树枝在微风中摆动，她没有意识到渐伸线正在擦着她的肩头。她欣喜地望着她的玉米，她对种植玉米曾经踌躇过，但终因玉米幼株长势喜人而决定种植。她不知道玉米粒的三重联结会在玉米穗内形成。



整个花园正在逐渐成形，植物正在茁壮成长，这景况是多么喜人啊！在赞美槭树上新的绿叶时，她知道它们的形状中蕴藏着某种可爱的东西——自然界的对称线是很尽职的。而自然界的叶序则只有受过训练的眼睛才会从萌生在植物枝茎上的叶子中看出。

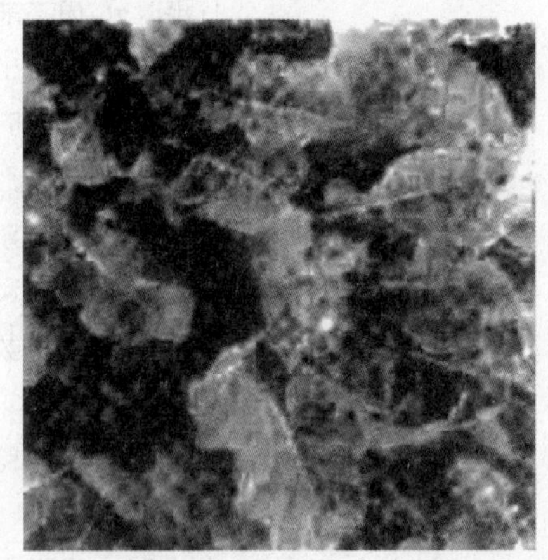

许多对称类型出现在花园中。例如在上图中，人们能在甘蓝小花中找到中心对称，在叶中找到轴对称

她举目四顾，把注意力集中在一片胡萝卜地上。她为胡萝卜的长势感到骄傲，并且注意到需要把它们弄得稀疏些，以保证收获到个头均匀而且大小适宜的胡萝卜。她不想让自然界用胡萝卜来镶嵌空间。

她没有意识到花园中到处是等角螺线。它们存在于雏菊和其他花卉的头状花序之中，许多生长着的东西会形成这种螺线，因为它们长大时要保持形状不变。

气温渐渐高了，所以她决定在太阳下山时再继续作业。同时她做出最后的一个评价——赞美她用心选择的花卉、蔬菜和其他植物搭配得如此得当。但是她又一次忽略了什么。她的花园充满着球形、圆锥、多面体和其他几何形状，可是她并未觉察到它们。

当自然界在花园中创造着奇迹时，大多数人对于自然界习以为常，他们没有注意到大量计算和许多对称类型蕴含其中。例如，在上图中，人们能在甘蓝小花中找到中心对称，在叶中找到轴对称。自然界清楚地知道如何利用有限的材料和空间工作，并产生出最和谐的形式。因此，在春季的每一天，这位园丁都懵懵懂懂地走进她的领地，她看到了生命的成长和繁盛，却从未注意到花园里开放着美丽的数学鲜花。

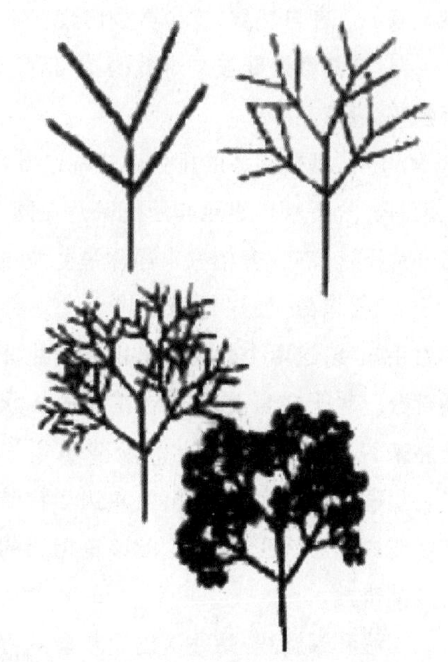

分形能表现为对称地变化或生长的对象，或随机地非对称地变化的对象。在任何一种情形中，分形都是按照用来描述和支配一个初始对象的生长的一些数学规则和模式而变化的。人们把一个几何分形看作无尽的生成模式——不断以较小式样复制自己的模式。于是当一个几何分形的局部被放大时，它看起来恰如原来的式样。反之，当欧几里得几何对象例如圆的一部分被放大时，它看起来不那么弯曲了。蕨类植物是分形复制的理想例子，如果你瞄准分形蕨的任何部分，它看来就像原来的蕨叶。有趣的是，分形蕨还可以在计算机上生成。

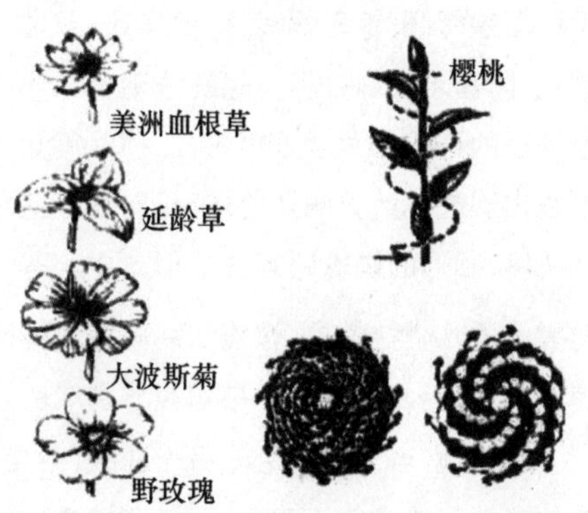


网络是把一个问题或状况用较简单的图表现出来的数学图形。网络被欧拉用在哥尼斯堡七桥问题中，他把问题简化成一个简单的图形，经过分析把它解决了。今天，网络是拓扑学中常用的工具。

斐波纳奇数列即1,1,2,3,5,8,13,21…。斐波纳奇是中世纪的著名数学家之一。虽然他在算术、代数和几何领域都做出过重大贡献，但却因这一数列而闻名于世，这

正是他的《算法之术》中一个难题的解。在19世纪，法国数学家爱德华·卢卡斯编写的一本娱乐性数学书中提到这个问题，斐波纳奇的名字就是在这时候与这个数列联系起来的。在自然界，这个数列出现在下列植物中。

◈ 花瓣数是斐波纳奇数的花：延龄草、野玫瑰、美洲血根草、大波斯菊、耧斗菜、百合花、蝴蝶花。

◈ 叶、细枝和茎的排列形式称作叶序。选择茎上一片叶子，从它开始数叶片（假定没有一片折断），直至与所选叶片在同一直线上的叶片为止。数得的叶片数（所选第一片不计）在许多植物中通常是斐波纳奇数，例如榆树、樱桃树或梨树。

◈ 松塔数：如果数出松塔上的左手和右手螺线，这两个数往往是相邻的斐波纳奇数。对于向日葵和其他花卉的头状花序来说，情况也是如此。菠萝也是一样。观察菠萝的底部，数出由六边形状鳞皮组成的左右螺线数，它们应该是相邻的斐波纳奇数。

螺线和螺旋线：螺线是出现在自然界许多场所的数学形式，例如提琴头蕨类植物、藤蔓、贝壳、龙卷风、飓风、松塔、银河、旋涡的曲线。有平坦螺线、三维螺线、右手和左手螺线、等角螺线、对数螺线、双曲螺线、阿基米德螺线。而螺旋线则是数学所描述的许多螺线类型中的几种。等角螺线出现在自然界的鹦鹉螺壳、向日葵头状花序、圆形的蜘蛛网等生长形式中。等角螺线的几个特性是：螺线切线同螺线半径所形成的角是全等的（故名等角）；以几何速率增大，因此任何半径被螺线分割成的线段形成几何级数；长大后形状不变。

渐伸线：当一根绳沿着另一曲线（这里是圆）绕上或脱下时，它描出一条渐伸线。渐伸线的形状类似于鹰嘴、鲨鱼背鳍和棕榈树悬叶尖端。

三重联结：三重联结是三条线段的交会点，交点处的三个角都是120°。许多自然事件是由于边界或空间利用率所引起的一些限制而产生的。三重联结是某些自然事件所趋向的一个平衡点。除了个别的场合外，三重联结见于肥皂泡群、玉米棒子上玉米粒的构成、地面或石块的裂缝。

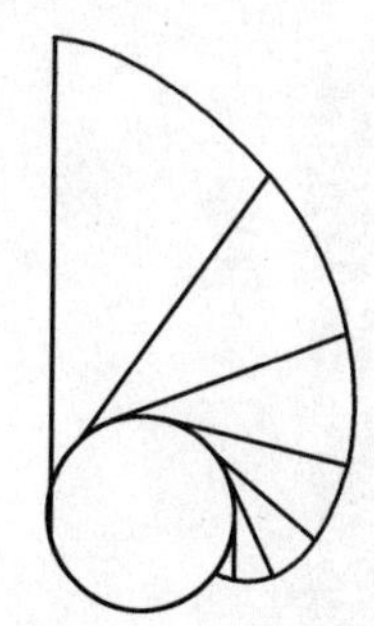

对称:对称是人们在蝴蝶躯体、叶片形状、人体结构、圆的完美性中看到和感觉到的完全平衡。从数学的观点来看,一个对象被认为具有轴对称的条件是:人们能找到一条线把它分成完全相同的两部分,如果有可能沿这条线折叠,这两部分将会完全重叠。一个对象具有中心对称的条件是:对于一个特定的点,存在着无穷多条这样的对称轴,例如一个圆对它的中心点来说具有中心对称。

镶嵌:镶嵌一个平面,就是说能用平坦的拼砖覆盖这个平面,并且拼砖间没有空隙,也不互相交叠,例如用正六边形、正方形或其他形状的拼砖进行的镶嵌。空间的镶嵌或充填则用立方体或截角八面体等三维对象。

# 打电话的数学

## 数字服务于生活



每次当你拿起电话打电话时，你就进入了非常复杂的巨大网络。覆盖全球的通信网是惊人的，很难想象每天有多少电话在这个网络上打来打去。一个系统被不同国家和地域的不同系统"分割"，它是如何运行的呢？一次电话是如何通向你所在的城市、你所在的国家或另一国家中的某个人的呢？

在电话发明后的早期阶段，打电话的人拿起电话听筒不能立即拨号与通话方联系，而是摇动曲柄，先与本地交换台的接线员联系，把对方的号码告诉他，然后由他把你同试图通话的对方连接起来。如今，这一过程由于有了各种不同的转换和送达通话的先进技术而变得简单易行。这些技术包含线性规划的各种复杂类型，以及有关二进制和二进编码的数学，已脱离了潜在的不稳固地位而成为有意义的东西。

声音是如何行进的？最早的方法是将声音产生的声波在听筒中转换成电信号，今天，这些电脉冲可以用许多不同的方法传递和转换。它们可以变成激光信号，然后沿光纤电缆传递；可以转换成无线电信号，然后利用无线电或微波线路在一个国家内从一座塔传送到另一座塔；或者仍旧作为电信号沿着电话线传送。在许多国家里，大部分电话都是由自动交换系统接通的，十分快捷、方便、安全。这个系统有一个程序，它包含电话运行的所有方面所需的信息，并且时刻在了解哪些电话正在使用，哪些通道是空闲的。通话可以由不同频率的电流传送，或转换成数字信号。这两种方法都能使多重通话沿同一线路传送。最新式的系统把通话转换成数字信号，然后再用二进制数列编码，于是各个通话可以沿着线路以特定的次序“同时”行进，直到它们被译码并到达各自的目的地。

打电话时，电话系统自动选择最佳通话途径，并发出一连串指令，以接通线路，整个过程只需几分之一秒。通话线路最好是直接通向对方的——从节省距离和时间的观点来看，这是人们所期望的。但是如果直接线路正在为别的通话服务，新的通话就必须沿其他线路中最好的一条进行。这正是需要用到线性规划的地方。我们把电话线路问题当作一个有几百万个面的复杂几何立体来看待，每个顶点代表一个可能的解，问题是要找出最优解，而不必计算每一个解。1947 年，数学家乔治·B. 丹齐克研究出了求解复杂线性规划问题的单纯形法。单纯形法实质上是沿着立体的棱进行，依次检查每一隅角，并总是向着最优解前进。当可能解的数目在 15000~20000 时，这方法能有效地求得解答。1984 年，数学家纳伦德拉·卡马卡发现一种方法，它使求解很麻烦的线性规划问题，例如长距离电话最优通话线路问题所需的时间大为缩短。卡马卡算法采取了一条通过那立体内部的捷径，在选择了一个任意内点之后，使整个结构变形，以把问题改造得使所选择的点正好在立体的中心。下一步是朝着最优解的方向找到一个新的点，再将结构变形，又使新点位于中心。必须进行变形，否则那些看来能给出最优解的方向都是虚假的，这些重复的变换以射影几何的概念为基础，很快便能得到最优解。

今天，古老的电话敬语“请报号码”已经成为一种回忆，看似简单的拿起电话打电话的过程，现在正依赖着一个庞大而复杂的网络运作着。

# 质数的巨大功用

## 编制密码

11111这个数很容易记住，如果需要设置密码时，选用11111，别人不知道，自己忘不掉，可以考虑。



但是，万一被别人发现这个密码，人家也会过目不忘，怎么办呢？

可以采用双重加密。通常看见11111这个数，从它由5个1组成，容易联想到“五一劳动节”“五个指头一把抓”“我爱五指山，我爱万泉河”等等，一般人都不太容易想到把它分解质因数。这个数可以分解成两个质因数的乘积：11111＝41×271。

这两个质因数都比较大，不是一眼就能看得出来的。把两个质因数连写，成为41271，作为第二层次的密码，可以再加一道密，争取一些时间，以便采取补救措施。

如果担心破解密码的人也会想到分解质因数，可以加大分解的难度。把两个质因数取得再大些，分解起来就会困难得多。例如，从质数表上可以查到，8861 和 9973 都是质数。把它们相乘，得到

$$8861 \times 9973 = 88370753。$$

把乘积 88370753 作为第一密码，构成第一道防线；把两个质因数连写，成为 88619973，作为第二密码，这第二道防线就不是一般小偷能破解的了的。即使想到尝试把 88370753 分解质因数，并利用电子计算器帮助做除法，如果手头没有详细的质数表，逐个试除上去，等不及试除到 1000，小偷就可能丧失信心，半途而废。

质因数这么大，万一自己忘记了密码，同样破解不出，那不是自找麻烦吗？

这一点要在编制密码时就早做安排。选取上面这两个大质数 8861 和 9973，已经预先定下锦囊妙计：只要用谐音的办法，把它们读成"爸爸留意，舅舅漆伞"，就能牢牢记住了。

用以上这些简单办法，每个人都很容易编出只有自己知道的双重密码。

如果利用电脑，把一个不很大的数分解成质因数的乘积，是很容易的。但是如果这个数太大，计算量超出通常电脑的能力范围，即使电脑也表示遗憾了。

1977 年，曾经有三位科学家和电脑专家设计了一个世界上最难破解的密码锁，估计人类要想解开他们的密码，需要 40 个 1000 亿年。他们这样做的目的是要向政府和商界表明，利用长长的数字密码，可以保护储存在电脑数据库里的绝密资料，例如可口可乐配方、核武器方程式等。

他们编制密码的原则，基本上就是上面介绍的分解质因数的办法，不过他们的数取得很大很大很大，不是五位数 11111 或八位数 88370753，而是一个 127 位的数，使当时的任何电脑都望洋兴叹。

当然，编制密码锁的三位专家里夫斯特、沙美尔和艾德尔曼万万没有想到，科学技术会发展得这样快。仅仅过了 17 年，世界五大洲 600 位专家利用 1600 部电脑，并且借助电脑网络，埋头苦干 8 个月，就攻克了这个号称几万亿年都难以破解的超级密码锁。结果人们发现，藏在密码锁下的是这样一句话："魔咒是神经质的秃鹰。"

密码锁下锁着什么并不重要，重要的是这个密码锁非常非常难开。打开密码锁得到什么也不重要，重要的是能够战胜很难很难克服的困难。

电脑和网络的普及，使每一位用户只要坐在家里按按键盘，就能查阅世界各地电脑向网络提供的各种信息资料。但是也要小心提防，世界这么大，万一有哪位恶作剧者通过网络闯进你的电脑，乱涂乱抹，储存在电脑里的资料就会受到损失。要像房门上锁一样，给进网络的电脑配上自己的密码锁，质数就是编制密码的一个理想工具。

# 趣味数学建模

# 足球联赛的理论保级分数

所谓理论保级分数就是指一般情况下，一个参赛球队只要达到了这个分数，无论别的球队的成绩如何，都能保证自己不会降级。这个分数无疑能给那些成绩不佳的球队一个有效的参考，帮助他们调整策略。



当然，不仅是我国的足球联赛，其他各个国家的足球联赛都会有保级分数的问题。

那么，这个理论保级分数应该如何计算呢？怎样找到一种普遍适用于各国足球联赛的计算理论保级分数的方法呢？我们可以用建立数学模型的方法解决这个问题。

## 模型建立与分析

要想研究理论保级分数，就必须研究每支球队在每场比赛中的成绩。通过观察各大联赛的比赛情况，我们可以知道，球队的实力对比赛结果有很大的影响。比如，实力差距比较大的两支球队比赛，实力强的一方获胜的希望比较大。所以，如果讨论联赛的积分情况，就不能回避球队实力的差异问题。

但是，球队的实力是一个很抽象的事物，不易计算和比较。为了能用数学语言描述它，我们可以为每个球队引入一个参数，能够较好地描述球队的实力的参数称为这个球队的实力数。我们可以定义随机变量 $x$ 为一支球队在某一场比赛中的结果。它可能有三种情况，即胜（积3分）、平（积1分）、负（积0分）。我们可以统计出每场比赛中两队的胜、平、负的频率（可近似地看成每种情况出现的概率）$p$，通过公式 $x=p_1x_1+p_2x_2+p_3x_3+\cdots+p_nx_n$ 求出一支球队在每场比赛中的数学期望值 $x$。我们将所有比赛的数学期望值相加，就可以求出理论上这支球队的最后积分。另外，应该注意到主客场的差异对比赛结果的影响。所以，如果主客场情况不同，相应的胜、负、平概率也不同，数学期望值也就不同。

### 一、模型假设

1. 假设参加某一联赛的所有球队的实力数由小（实力强）到大（实力弱）可构成一个等差数列，并且认为等差数列的首项为1，公差为1。由此，一个联赛中的各个球队可以分别用一个数字代替，即所有 $n$ 支参赛球队按实力由强到弱排列，则依次为1，2，3，4，…，$n$。这样每场比赛就有一个对应的实力数之差，如实力数为3和7的两支球队之间的比赛，实力差是4。

2. 假设任何不可预知的因素与比赛结果无关。即比赛结果只与两支球队的实力差和主客场因素有关。如认为球队3主场与球队8的比赛，和球队1主场与球队6的比赛没有任何区别。



3. 假设得出的每个实力差值对应的比赛胜、平、负的概率等于在理论上这些情况出现的概率。

### 二、定义变量

$T_i$：一支球队在一场比赛中的数学期望值。

$T_n$：一支球队在所有比赛中的数学期望值之和。

$n$：参加联赛的球队总数。

$m$：联赛结束后将要降级的球队数目。

$s$：一场比赛中实力较强的球队获胜的概率。

$p$：一场比赛中实力较强的球队战平的概率。

$f$：一场比赛中实力较强的球队失败的概率。



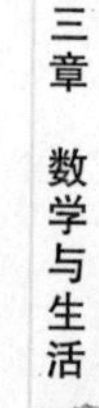

## 解决问题

### 一、统计随机变量 $x$ 的分布

选取英格兰足球超级联赛、德国足球甲级联赛、意大利足球甲级联赛、中国足球

甲级联赛中 1999—2000 赛季的详细情况，并根据这些数据统计当实力数差分别为 1，2，3，…，19 时，较强的一方获胜、战平、战败的概率。如下表（单位：%）。

| 实力差 | 主场 | | | 客场 | | |
|---|---|---|---|---|---|---|
| | 胜 | 平 | 负 | 胜 | 平 | 负 |
| 1 | 53.03 | 21.21 | 25.76 | 24.63 | 36.92 | 38.46 |
| 2 | 47.54 | 21.31 | 31.15 | 26.23 | 39.34 | 34.43 |
| 3 | 42.63 | 19.30 | 28.07 | 22.22 | 39.34 | 34.43 |
| 4 | 60.38 | 16.98 | 22.64 | 37.25 | 31.37 | 31.37 |
| 5 | 38.00 | 22.00 | 10.00 | 38.00 | 26.00 | 36.00 |
| 6 | 38.00 | 12.00 | 20.00 | 34.00 | 28.00 | 38.00 |
| 7 | 60.95 | 14.63 | 24.39 | 36.59 | 36.59 | 26.83 |
| 8 | 71.05 | 10.53 | 18.42 | 34.29 | 34.29 | 31.43 |
| 9 | 72.73 | 15.15 | 12.12 | 41.18 | 26.47 | 32.35 |
| 10 | 73.33 | 3.37 | 20.00 | 40.00 | 30.00 | 30.00 |
| 11 | 88.00 | 0.00 | 12.00 | 12.13 | 30.77 | 26.92 |
| 12 | 86.36 | 1.55 | 9.09 | 40.91 | 13.64 | 45.45 |
| 13 | 88.24 | 0.00 | 11.76 | 31.11 | 11.11 | 27.78 |
| 14 | 85.71 | 0.00 | 14.29 | 71.13 | 21.43 | 7.14 |
| 15 | 90.91 | 0.00 | 9.09 | 54.55 | 36.36 | 9.09 |
| 16 | 75.00 | 12.50 | 12.50 | 70.00 | 10.00 | 20.00 |
| 17 | 60.00 | 40.00 | 0.00 | 60.00 | 0.00 | 40.00 |
| 18 | 100.00 | 0.00 | 0.00 | 100.00 | 0.00 | 0.00 |
| 19 | 100.00 | 0.00 | 0.00 | 100.00 | 0.00 | 0.00 |



## 二、计算各队的理论积分

有了这些数据之后，便可以根据求随机变量的数学期望值公式

$$x = p_1x_1 + p_2x_2 + p_3x_3 + \cdots + p_nx_n$$

求出一支球队同比自己实力弱的球队比赛的数学期望值。即

$$x_1 = 3 \times s + 1 \times p + 0 \times f = 3s + p$$

当一支球队和比自己实力强的球队比赛时，实力较强球队的战败概率就是实力较弱球队的获胜概率。即

$$x_2 = 3 \times f + 1 \times p + 0 \times s = 3f + p$$

这样一来，所有比赛的数学期望值都能求出。也就是说，对于每一支球队，其所有比赛数学期望值的和也能求出，我们用□表示实力数的球队所有数学期望值的和（理论积分），然后，将 $1 \sim n$ 支球队对应的□值从大到小依次排列成数列{□}。因为在世界各国的足球联赛中对降级球队数目的规定不同，有的是两支球队，有的是三支球队，所以根据不同的情况，只要求出数列中相应的项（保级球队中的最低分数）就是待求的理论保级分数了。

根据这种思路，我们使用 Visual Basic6.0 编制一个程序来计算理论保级分数。

## 算法简要说明

1. 输入数据：将计算所需的变量 $n$、$m$ 通过文本框 Text1、Text2 输入程序中。

2. 定义数组：将统计得出的 $s$、$p$、$f$ 各概率值定义为三个数组 $s(\ )$、$p(\ )$、$f(\ )$ 以便赋值。再定义数列{ □ }为一个一维数组 $T(20)$。

3. 对概率赋值：将统计得到的概率数据赋值于各个数组中。

4. 通过循环嵌套，计算最后每支球队的理论积分，即各个数学期望值之和。

5. 将恰好保级的一支球队的分数输入文本框 Text3 中。

具体源代码及说明（略）

运行源程序，得出下表数据：

| 参赛球队数 | 12 | 14 | 18 | 20 | 4 |
|---|---|---|---|---|---|
| 降级球队数 | 3 | 2 | 3 | 2 | 2 |
| 理论保级分数 | 26.2570 | 58.5259 | 34.5975 | 35.0691 | 8.1738 |

这样，一般的足球联赛都能通过这个程序求出理论保级分数。

## 验证模型

以上给出了足球联赛中的理论保级分数的一种计算方法，这种方法是否理想，得出的结论能否令人满意？下面，我们通过计算值与实际值的对比，来验证这个模型。



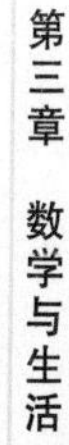

首先,来看2000年的甲A联赛。下表是该赛季最终的排名情况。

| 排名 | 1 | 2 | 3 | 4 | 5 | 6 | 7 |
|---|---|---|---|---|---|---|---|
| 积分 | 56 | 50 | 44 | 41 | 40 | 35 | 34 |
| 排名 | 8 | 9 | 10 | 11 | 12 | 13 | 14 |
| 积分 | 32 | 32 | 31 | 29 | 29 | 23 | 17 |

去掉两个降级球队的分数,保级分数是29分。经过上述算法,将 $n=14$, $m=2$ 代入,计算得来的理论保级分数是28.5259分,可见,与实际保级分数相差不大。

再看看上赛季意大利足球甲级联赛,去掉三个降级的球队,实际保级分数是36分。将 $n=18$, $m=3$ 代入,计算的理论保级分数是34.5975分,与实际情况也相差不大。

虽然用这个程序计算的保级分数有时会与实际分数有一点差距,但在大多数情况下,这个程序能够较好地估计保级分数。



## 误差分析

这个模型中可能产生误差的地方有如下几处:

1. 在模型假设中,假设各球队的实力数构成等差数列,这种假设与实际情况有一定差距。

2. 在统计概率过程中,随着 $n$ 值不断增大,能找到的比赛数量越来越少。所以在 $n$ 较大时,统计出的概率与理论上的概率的偏差也就比较大。

3. 在实际比赛中,很多其他因素如天气等都有可能影响比赛的结果。这个模型并没有考虑这些因素,所以无法避免由此产生的误差。

由于以上几种可能产生误差的原因,这个模型计算的结果与实际保级分数有大约6分以下的差距。由于一般情况下这个模型计算的结果比较合适,所以这样的误差在可以接受的范围内。

# 六边形与自然界

## 自然的数学语言

*对自然界的深刻研究是数学发现的最丰富的来源。*

*——约瑟夫·傅立叶*



数学与自然界之间的联系是很丰富的，来自不同数学领域的对象和形状出现在许多自然现象中。

六边形有什么特点使得自然界对它一再青睐呢？自然对象的形成和生长受到周围空间和材料的影响。正六边形是能够不重叠地铺满一个平面的三种正多边形之一。在这三种正多边形（正六边形、正方形和正三角形）中，六边形以最小量的材料占有最大面积（如图 1 所示）。正六边形的另一特点是它有六条对称轴（如图 2 所示），因此它可以经过各式各样的旋转而不改变形状。能用最小表面积包围最大容积的球也与六边形相联系。当一些球互相挨着被放入一个箱子中时（如图 3 所示），每一个被围的球与另外六个球相切。当我们在这些球之间画出一些经过切点的线段时，外切于球的图形是一个正六边形。把这些球想象为肥皂泡，就可以对一群肥皂泡聚拢时为什么以三重联结的形式相接的原因，做出一个简化的解释。所谓三重联结就是相交出的三个角都是 120°，而 120°正是一个正六边形的内角大小。

三重联结出现在许多领域，例如玉米棒子上的玉米粒构成、香蕉的内部果肉，以及干土的裂缝（如图4所示）。

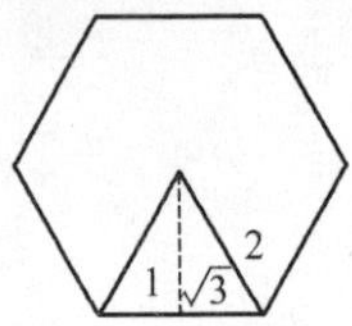

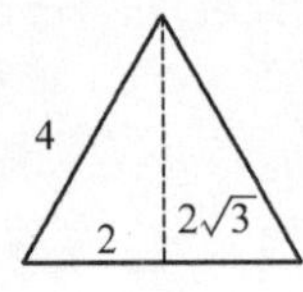

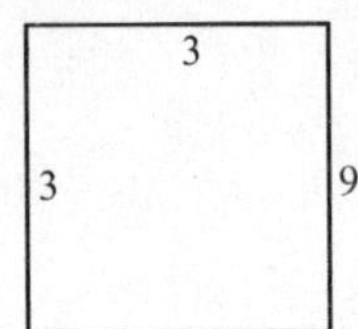


假设可用12单位的周长构成这三个正多边形。六边形的面积将是$6\sqrt{3}\approx10.4$。三角形的面积将是$4\sqrt{3}\approx6.9$。正方形的面积是9

图1

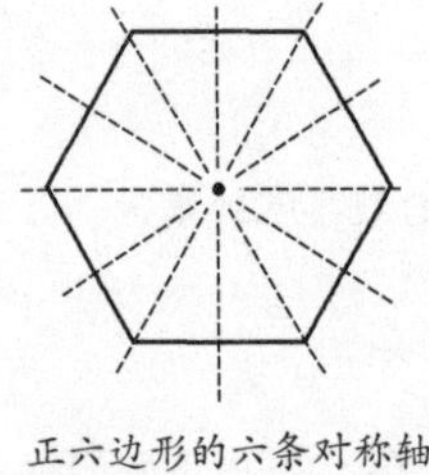

正六边形的六条对称轴

图2

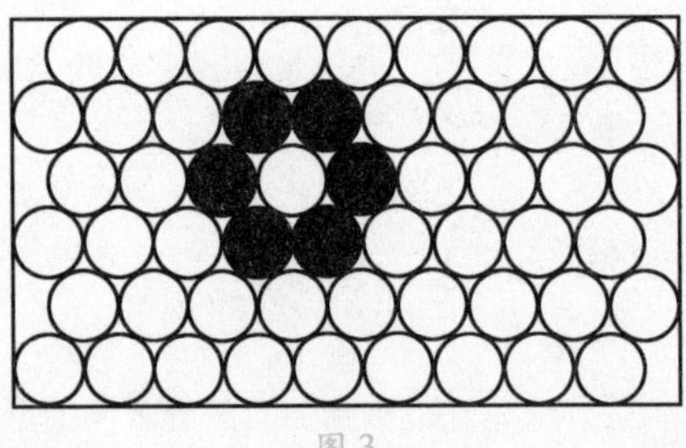

图3



发现六边形在自然界中新的存在形式，比起它们第一次在龟背上、在蜂巢里或者在晶体的形状中被发现的情形来，令人兴奋的程度毫不逊色。今天，科学家们为看到外层空间中的六边形而着迷。自从1987年以来，天文学家们一直集中注意力于大麦哲伦云，超新星1987A就是在其中观察到的。在新星爆发之后看到气泡已经不是第一次了，但是发现气泡以蜂窝状聚集在一起则是第一次。英国曼彻斯特大学的王立帆发现了巨大到约30光年×90光年的"蜂窝"，它由约20个直径，10光年左右的气泡组成。王立帆推测，一个由以大约相同速率演化了几千年的大小相似的星组成的星团，产生出非常大的风使气泡呈六边形结构。

图4　自然界还在岩石中制造它的六边形

自然界的雪花揭示了六边形对称和分形几何。雪花具有六边形的形状。此外，雪花的生长由科克雪花曲线来模拟。这个分形由一个等边三角形生成，如下图所示。

由此可知，等边三角形、正六边形和分形雪花之间的关系把欧几里得几何与非欧几何联系了起来。

自然界中的对象已经提供并且还在提供着激励数学发现的模型。自然界有一种在它的创造物中达到平衡和微妙均势的方法。了解自然作品的钥匙是利用数学和科学。伽利略把这一点表达得很清楚，他说“宇宙是用……数学语言写成的”。数学工具为我们提供了用来试图了解、解释和再现自然现象的手段，一个发现引出另一个发现。外层空间中六边形的发现将引出什么呢？只能由时间来告诉我们答案了。

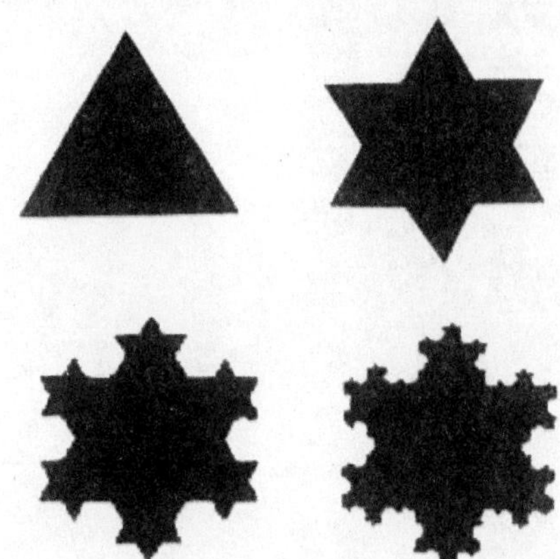

图 5　这些是生成雪花曲线的最初四个阶段。从一个等边三角形开始，将每一边三等分。除去中间的 1/3，从这里伸出两边同为那 1/3 边长的一个尖角

# 战争中的数学应用

## ——数定乾坤



1991 年海湾战争时，有一个问题摆在美军计划人员面前：如果伊拉克把科威特的油井全部烧掉，那么冲天的黑烟会造成严重的后果：不仅造成污染，还会因满天烟尘，阳光无法照到地面，而引起气温下降；如果失去控制会造成全球性的气候变化，可能造成不可挽回的生态与经济后果。五角大楼因此委托一家公司研究这个问题。这个公司利用流体力学的基本方程以及热量传递的方程建立数学模型，经过计算机仿真得出结论，认为点燃所有的油井后果是严重的，但只会波及海湾地区以至伊朗南部、印度和巴基斯坦北部，不至于产生全球性的后果。这对美国军方计划海湾战争起了相当大的作用。所以有人说："第一次世界大战是化学战争（炸药），第二次世界大战是物理学战争（原子弹），而海湾战争是数学战争。"

军事边缘参数是军事信息的一个重要分支，它以概率论、统计学和模拟试验为基础，通过对地形、气候、波浪、水文等自然情况和作战双方兵力兵器的测试计算，在一般人都认为无法克服甚至容易处于劣势的险恶环境中，发现实际上可以通过计算运筹，利用各种自然条件的基本战术参数的最高极限或最低极限，如通过计算山地的坡度、河水的深度、雨雪风暴等来驾驭战争险象，提供战争胜利的一种科学依据。

1942 年 10 月，巴顿将军率领 4 万多美军，乘 100 艘战舰，直奔距离美国 4000 千米的摩洛哥，计划在 11 月 8 日凌晨登陆。11 月 4 日，海面上突然刮起西北大风，惊涛骇浪使舰艇倾斜达 42°。直到 11 月 6 日，天气仍无好转。华盛顿总部担心舰队会因大风而全军覆没，电令巴顿的舰队改在地中海沿海的任意港口登陆。巴顿回电："不管天气如何，我将按原计划行动。"

11 月 7 日午夜，海面突然风平浪静，巴顿军团按计划登陆成功。事后有人说这是侥幸取胜，这位"血胆将军"在拿将士的生命做赌注。其实，巴顿将军在出发前就和气象学家详细研究了摩洛哥海域风浪变化的规律和相关参数，知道 11 月 4 日至 7 日该海域虽然有大风，但根据该海域往常最大浪高、波长和舰艇的比例关系，还达不到翻船的程度，不会对整个舰队造成威胁。而且，11 月 8 日还有一个有利于登陆的好天气。巴顿正是利用科学预测和可靠的边缘参数，抓住了"可怕的机会"，突然出现在敌人面前。

相反在战争中，有时候忽略了一个小小的数据，也会导致整个战局的失利。

第二次世界大战中，日本联合舰队总司令山本五十六也是一位"要么全赢，要么输个精光"的"拼命将军"。在中途岛战役中，当日本舰队发现按计划空袭失利、海面出现美军航空母舰时，山本五十六不听同僚的合理建议，妄图一举歼灭对方，根本不考虑美军舰载飞机先行攻击的可能。他命令停在甲板上的飞机卸下炸弹换上鱼雷起飞攻击美舰，只考虑鱼雷击沉航空母舰可能获得最大的打击效果，不考虑飞机在换装鱼雷的过程中可能遭到美机攻击的后果，因为飞机换弹的最短时间需五分钟。

结果，在把炸弹换装鱼雷的五分钟内，日舰和"躺在甲板上的飞机"变成了活靶，受到迅速起飞的美军舰载飞机的"全面屠杀"，日本舰队损失惨重。从此，日本在太平洋海域由战略进攻转入了战略防御。

战后，有些军事评论家把日本联合舰队在中途岛战役失败的原因之一归咎于那"错误的五分钟"。可见，忽略了这个看似很小的时间因素，损失是多么重大。

# 伟大的数学家

# 美国空军的三块钢板



兵器诞生的目的就是为了赢得战争。但是,战争又是极端奇妙而复杂的,无论多么高明的兵器设计师,都无法预想到战争中会发生什么意外。这让兵器的故事充满了惊险曲折,许多看似不起眼的细节里,都蕴含着让人再三反思的东西。

第二次世界大战期间,在美国空军中曾流传过三块钢板的故事。

第一块钢板的故事是运输机飞行员讲的。在飞越驼峰航线支援中国抗战时,美军的运输机队常常遭到日军战斗机的偷袭。C-47运输机只有一层铝皮,日军的零式战斗机在屁股后面紧追,一通机枪扫射,飞机上就是一串透明窟窿,有时子弹甚至能穿透飞行座椅,夺去飞行员的生命。情急之下,一些美军飞行员在座椅背后焊上一块钢板。实际上,在与日本飞机激战时,中国空军的飞行员早就用过这个办法。就是靠着这块钢板,他们从日本飞机的火舌下夺回了自己的生命。

第二块钢板的故事来自一个将军。看过好莱坞大片《拯救大兵瑞恩》的观众也许还记得,片中出现过一个死在滑翔机里的美国将军。这是一段真实的故事。诺曼底登陆中,美军第101空降师副师长唐·普拉特准将乘坐滑翔机实施空降作战。起飞前,有些人自作聪明,在机头位置副师长的座位下装上厚厚的钢板用来防弹。但他们没有想到，由于滑翔机自身没有动力，与牵引的运输机脱钩后，必须保持平衡滑翔降落，而沉重的钢板让滑翔机头重脚轻，一头扎向地面，普拉特准将摔断了脖子，成为美军在当日阵亡的唯一将领。

第三块钢板的故事来自一位数学家。第二次世界大战后期，美军对德国和日本法西斯展开了大规模战略轰炸，每天都有成千架轰炸机呼啸而去，但返回时往往损失惨重。美国空军对此十分头疼：如果要降低损失，就要往飞机上焊防弹钢板；但如果整个飞机都焊上钢板，速度、航程、载弹量都要受影响。

怎么办？空军请来数学家亚伯拉罕·沃尔德。沃尔德的方法十分简单。他把统计表发给地勤技师，让他们把飞机上弹洞的位置报上来，然后自己铺开一张大白纸，画出飞机的轮廓，再把那些小窟窿一个个画上去。画完之后大家一看，飞机浑身上下都是窟窿，只有飞行员座舱和尾翼两个地方几乎是完好的。

沃尔德告诉大家：以数学家的眼光来看，这张图明显不符合概率分布的规律，而明显违反规律的地方往往就是问题的关键。飞行员们一看就明白了：如果座舱中弹，飞行员就完了；尾翼中弹，飞机失去平衡就要坠落——这两处中弹，轰炸机多半就回不来了，难怪统计数据是一片空白。因此，结论很简单：只需要给这两个部位焊上钢板就行了。

第一块钢板是传奇，机智的飞行员用它挽救了自己的生命；战场上曾有过许多这样的传奇故事，但

这种传奇往往像火花一闪即逝。第二块钢板则是教训，是用宝贵的生命换来的教训；谁都知道焊钢板的人是好心，但结果却完全相反。而第三块钢板是升华，它用科学的方法，从实战经验中提炼出规律；你可能想象不到，这块饱含科学的钢板挽救了数以万计的飞行员的生命。

小小的钢板背后，凝聚着多少智慧和心血，值得每一个人去用心体会。一旦战争和你正面相对的时候，你准备把钢板放在哪里？

# 数学与雕塑

## 美的奥秘

米隆的《掷铁饼者》(公元前5世纪)用青铜铸成,它捕捉了运动中的一个瞬间

三维、空间、重心、对称、几何对象和补集都是在雕塑家进行创作时起作用的数学概念。空间在雕塑家的工作中起着显著的作用,有些作品占有空间的方式简直同我们及其他生物一样。在这些作品中,重心是雕塑品内部的一点。这些雕塑品固定在地面上,它们占有空间的方式是我们感到舒服或习惯的。例如,米开朗琪罗的《大卫》、古希腊艺术家米隆的《掷铁饼者》和贝尼亚米诺·布法





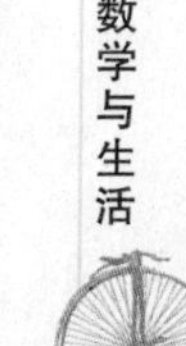

诺的《马背上的圣弗朗西斯》的重心都在雕塑品内部。有些现代艺术雕塑不按传统方式对待空间和它的三维。这些作品把空间作为自身的组成部分。因此,重心可以是空间中的一点而不是作品中的一点,例如野口勇的《红立方》、查尔斯·佩里的《食》和路易斯·维兰考特的《维兰考特喷泉》都是如此。另外一些雕塑依靠它们与空间的相互作用。在这里,雕塑品周围的空间(雕塑品的补集)与雕塑品一样重要或地位同等。我们来看卡尔·安德烈的《锌锌平原》。这座雕塑放在一个房间内,这房间里面没有任何其他雕塑或物件。作品中的平面由36个小正方形构成,它们形成一个大正方形,平铺在地面上。房间代表空间,即所有点的集合。这件作品被他描述为"空间一角"。有些作品看来是对重力的否定。这些作品中包括亚历山大·考尔德的汽车雕塑,称是精巧的。还有野口勇的《红立方》,它们的平衡和对它在顶点处的平衡是不可思议的。甚至有一些雕塑品把地球本身作为艺术和艺术寓意的组成部分,例如克里斯托的《奔跑的栅栏》、安德烈的《割线》以及在英国出现的那些神秘的几何草定理(geometric grass theorems)。

位于旧金山的有争议的维兰考特喷泉的重心是空间中的一点



艺术家构想中的作品往往需要数学上对其物理性质的理解和认识,才能成为现实可能的作品。列奥纳多·达·芬奇的大多数作品都是先经过数学分析然后进行创作的。如果M. C. 埃舍尔没有从数学上对镶嵌图案思想和视错觉进行分析并了解它们的数学内容,他就不能自由地进行创作,作品也不能自由地完成。

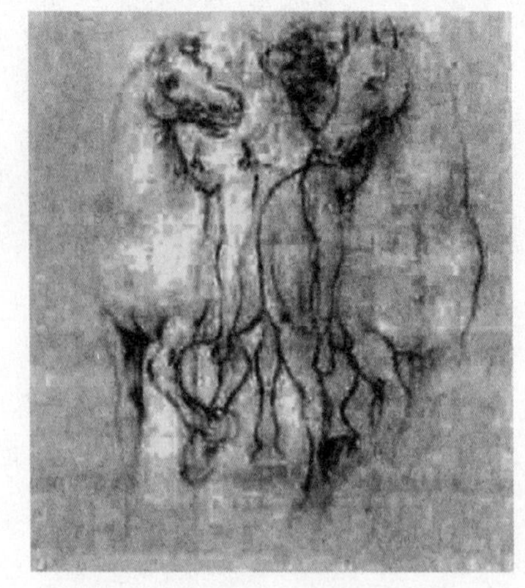

达·芬奇的这幅草图显示出他对马的解剖分析

今天，雕塑家们依靠数学思想来扩充艺术的例子是很多的。托尼·罗宾利用对拟晶体几何、四维几何和计算机科学的研究来发展和扩充他的艺术。罗纳德·戴尔·雷什在创作《复活节彩蛋》巨型雕塑时，不得不用直观、独创性、数学、计算机加上他的手来完成它。艺术家兼数学家赫拉曼·R. P. 弗格森运用传统雕塑、计算机和数学方程创造出像《野球》和《带有十字形帽和向量场的克莱因瓶》这样的作品。因此，发现并使用数学模型做艺术模型，就不令人奇怪了。在这些模型中，有立方体、多立方体、球形、环面、三叶形纽结、莫比乌斯带、多面体、半球、纽结、正方形、圆、三角形、角锥体、角柱体等等。

欧几里得几何和拓扑学中的数学对象曾经在野口勇、戴维·史密斯、亨利·穆尔、索尔·勒维特等艺术家的雕塑中起过重要的作用。

无论是什么样的雕塑，其中都存在着数学。虽然它在被设想出来和创造成功时可以不用数学思维，然而数学存在于作品中正像它存在于自然界万物中一样。

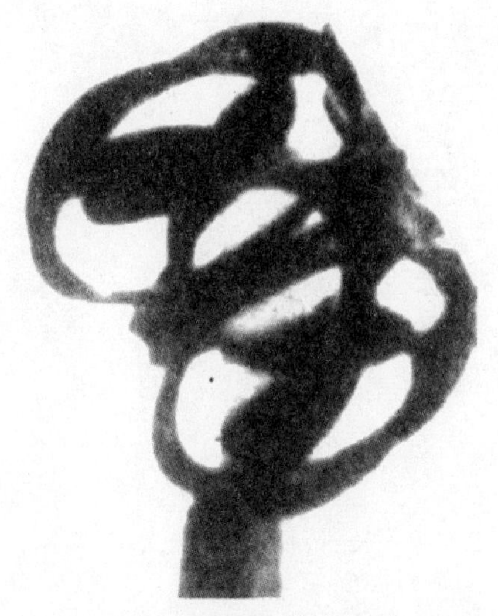

查尔斯·佩里的《连续统》

亚历山大·考尔德的动态悬挂物

# 数学与建筑

## 充填空间的艺术

金字塔主题在加利福尼亚州福斯特城这个现代办公楼的设计中实现

几千年来，数学一直是用于设计和建筑的宝贵工具，它一直是建筑设计思想的一种来源，也是建筑师用来排除建筑上的试错技术的手段。下面所提到的内容看起来很丰富，其实它们不过是多少世纪以来应用在建筑上的数学概念的一部分。

影响一个结构设计的原因很多，包括它的周围环境、材料的可得性和类型，以及建筑师所能依靠的想象力和智慧。

下面是一些历史上的实例。

◈ 为建造埃及、墨西哥和尤卡坦的金字塔而计算石块的大小、形状、数量和排列的工作，依靠的是有关直角三角形、正方形、毕达哥拉斯定理和体积等的知识。

◈ 秘鲁古迹马丘比丘设计的规则性，没有几何计划是不可能的。

◈ 希腊雅典的帕提侬神庙的构造依靠的是利用黄金矩形、视错觉、精密测量和将标准尺寸的柱子切割成精确规格(永远使直径成为高度的1/3)的比例知识。

◈ 埃皮达鲁斯古剧场的布局和位置的几何精确性经过专门计算，以提高音响效果，并使观众的视域达到最大。

土耳其伊斯坦布尔的圣索非亚教堂

◈ 圆、半圆、半球和拱顶的创新用法成了罗马建筑师引进并加以完善的主要数学思想。

◈ 拜占庭时期的建筑师将正方形、圆、立方体和半球的概念与拱顶漂亮地结合在一起，就像伊斯坦布尔的圣索非亚教堂中所运用的那样。

◈ 哥特式教堂的建筑师用数学确定重心，以构成一个可调整的几何设计，使拱顶会于一点，将石结构的巨大重量引回地面，而不是横向引出。

◈ 文艺复兴时期的石结构显示出对称方面的精心设计，它是依靠明和暗、实和虚来实现的。

意大利罗马的古罗马大角斗场

随着新建筑材料的发现，人们便用一些新的数学思想来使这些材料的潜力达到最大。利用品种繁多的现成建筑材料——石、木、砖、混凝土、铁、钢、玻璃、合成材料（如塑料）、钢筋混凝土、预应力混凝土，建筑师们实际上已经能设计任何形状了。我们现在已经见识了各种构造：双曲抛物面（旧金山的圣玛丽教堂）、巴克敏斯特·富勒的网格结构、保罗·索莱里的模数制设计、抛物线飞机吊架、模仿游牧民帐篷的立体合成结构、支撑东京奥林匹克体育馆的悬链线缆索，甚至还有带着椭圆形天花板的八边形住宅。

这所房屋上下三层中每一层的楼面布置都根据两个交叉的三角形设计而成。三角形的主旨通过内部支撑和窗户实现

建筑是一个发展中的领域，建筑师们研究、改进、提高和再利用过去的思想，同时创造新思想。归根到底，建筑师有想象任何设计的自由，只要存在着支持所设计结构的数学方法和材料。

这个帐篷似的结构说明新材料和新构造方法的利用

# 数学与音乐

## 理智与情感

难道不可以把音乐描述为感觉的数学，把数学描述为理智的音乐吗？

——J. J. 西尔威斯特



若干世纪以来，音乐和数学一直被联系在一起。在中世纪时期，算术、几何、天文和音乐都包括在教育课程之中。今天的计算机技术正在使这条纽带绵延不断。

乐谱的书写是表现数学对音乐的影响的第一个显著领域。在

乐稿上，我们看到速度、节拍(4/4 拍、3/4 拍等等)、全音符、二分音符、四分音符、八分音符、十六分音符等等。书写乐谱时确定每小节内的某分音符数，与求公分母的过程相似——不同长度的音符必须与某一节拍所规定的小节相适应。作曲家创作的音乐是在书写出的乐谱的严密结构中非常完美而又毫不费力地融为一体的。如果将一件完成了的作品加以分析，可见每一小节都使用不同长度的音符构成规定的拍数。

除了数学与乐谱的明显关系外，音乐还与比率、指数曲线、周期函数和计算机科学相联系。

毕达哥拉斯学派学者是最先用比率将音乐与数学联系起来的。他们认识到拨动琴弦所产生的声音与琴弦长度有关，从而发现了和声与整数的关系。他们还发现谐声是由长度成整数比的同样绷紧的弦发出的——事实上被拨弦的每一和谐组合可表示成整数比。按整数比增加弦的长度，能产生整个音阶。例如，从产生音符 C 的弦开始，C 的 16/15 长度给出 B，C 的 6/5 长度给出 A，C 的 4/3 长度给出 G，C 的 3/2 长度给出 F，C 的 8/5 长度给出 E，C 的 16/9 长度给出 D，C 的 2/1 长度给出低音 C。

你是否曾对大型钢琴为何制作成那种形状表示过疑问？实际上许多乐器的形状和结构与各种数学概念有关，指数函数和指数曲线就是这样的概念。指数曲线由具有 $y=k^x$ 形式的方程描述，式中 $k>0$，且 $k\neq1$。一个例子是 $y=2^x$，它的坐标图如下。

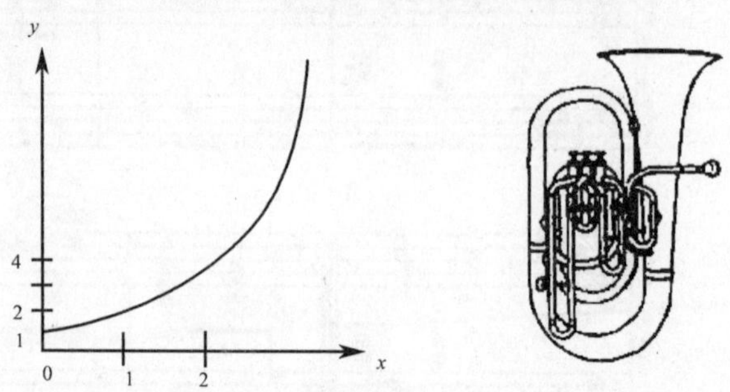


不管是弦乐器还是由空气柱发声的管乐器，它们的结构都反映出一条指数曲线

的形状。

19 世纪数学家约瑟夫·傅立叶的工作使乐声性质的研究达到顶点。他证明所有乐声——器乐和声乐——都可用数学式来描述，这些数学式是简单的周期正弦函数的和。每一个声音有三个性质，即音高、音量和音质，将它与其他乐声区别开来。

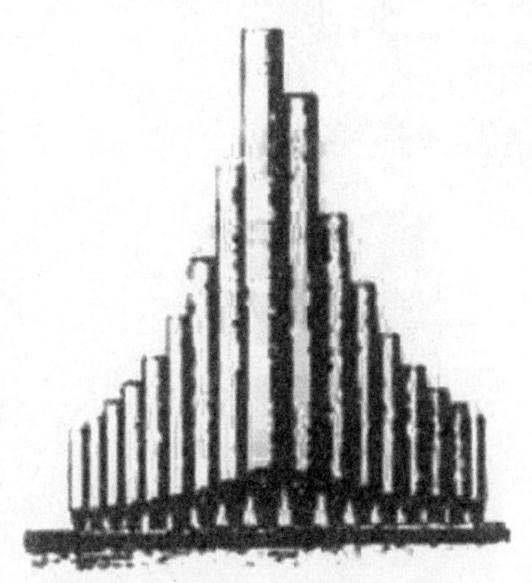

傅立叶的发现使声音的这三个性质可以在图形上清楚地表示出来。音高与曲线的频率有关，音量和音质分别与周期函数（即以等长区间重复着形状的函数）的振幅和形状有关。

如果不了解音乐的数学，在使用计算机进行音乐创作和乐器设计方面就不可能有进展。数学发现，具体地说周期函数，在乐器的现代设计和声控计算机的设计方面是必不可少的。许多乐器制造者把他们的产品的周期声音曲线与这些乐器的理想曲线相比较。电子音乐复制的保真度也与周期曲线密切相关。音乐家和数学家将继续在音乐的创作和复制方面发挥同等重要的作用。

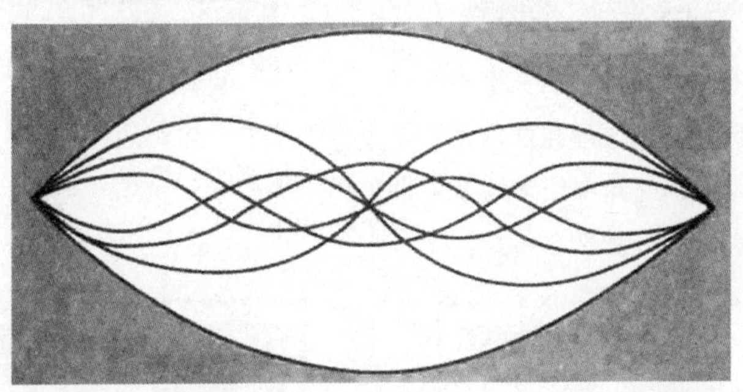

有人称音乐为感觉的数学，数学为理智的音乐。音乐家可以用直觉、乐感、天赋来创作，但数学家却从声音的波长、频率的数量关系揭示了音乐的奥妙和规律。也许在不久的将来，"贝多芬＋高斯"式的人物会突然出现在艺术科学的舞台上。



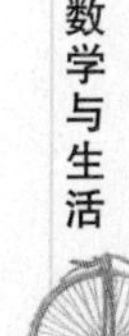

# 与数学有关的邮票

## 历史的纪念

作为哥伦布1492年到达美洲400周年庆典的一部分，首届国际数学家大会于1893年在芝加哥的世界哥伦布博览会期间召开，并发行了第一枚纪念邮票。

1978年，国际数学家大会在赫尔辛基召开，纪念邮票图案为微分几何。

在欧洲和北美洲以外举办的第一次国际数学家大会于1990年在京都召开，纪念邮票的图案是一个日本折纸构成的多面体。

1994年，国际数学家大会第三次在苏黎世召开，当时发行的纪念邮票的图案

是伯努利和他的大数律。还有一些国际数学大事也曾上过纪念邮票，其中包括1996 年在布达佩斯召开的第二届欧洲数学大会。在国际数学联合会提议下，联合国教科文组织宣布 2000 年为世界数学年，许多国家都为此发行了特种邮票。

1982 年，为纪念华沙国际数学家大会，波兰发行了一套四枚邮票。这套邮票的图案分别为波兰数学家巴拿赫、谢尔宾斯基、扎雷姆巴和雅尼谢夫斯基。

苏联于 1976 年 8 月 10 日发行的纪念邮票。

德国于 1998 年发行的纪念邮票，这次国际会议是在柏林召开的。1998 年柏林国际数学家大会设计的邮票包括了"矩形求方"问题的一种解法，该问题是要把整数边的矩形分成具有整数边的大小不等的正方形。

希腊于 1955 年 8 月 20 日发行了纪念毕达哥拉斯的邮票。

巴基斯坦于 1975 年发行的纪念邮票。

巴西于 1967 年发行的纪念邮票，上有莫比乌斯带。

1966 年，莫斯科国际数学家大会发行了第二枚纪念邮票。

奥地利于 1981 年 9 月 14 日发行了这枚被称作“不可能的立方体结构”的邮票，以纪念视错觉大师埃舍尔的卓越贡献。

这枚邮票由德国于 1973 年 6 月 12 日发行，以纪念由图宾根大学的施卡德教授设计制造的计算机诞生 350 周年。

以色列发行的纪念邮票。

公元 1971 年 5 月 15 日，尼加拉瓜发行了十张纪念邮票，以表彰十个对世界发展极有影响的数学公式，下面是这 10 枚邮票：

麦克斯韦电磁方程组

$$\nabla^2 E = \frac{ku}{c^2} \quad \frac{\partial^2 E}{\partial t^2}$$

玻尔兹曼关系式

$$S = klogw$$

牛顿万有引力定律

$$F = \frac{Gm_1m_2}{r^2}$$

齐奥尔科夫斯基火箭公式

$$V = V_e L_n \frac{m_o}{m_i}$$

毕达哥拉斯定理

$$A^2 + B^2 = C^2$$

纳皮尔对数法则

$$e^{lnN} = N$$

爱因斯坦质能方程

$$E = mc^2$$

手指计算

$$1 + 1 = 2$$

阿基米德杠杆原理

$$F_1X_1 = F_2X_2$$





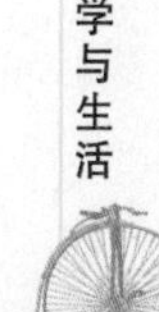

德布罗意关系式

$$\lambda = h/mv$$